谁的城

一段正在消逝的记忆

贾冬婷——著

清华大学出版社
北京

图书在版编目（CIP）数据

谁的城：一段正在消逝的记忆 / 贾冬婷著. —北京：清华大学出版社, 2018
ISBN 978-7-302-51040-6

Ⅰ. ①谁… Ⅱ. ①贾… Ⅲ. ①城市建筑－研究－中国 Ⅳ. ①TU984.2

中国版本图书馆CIP数据核字（2018）第190893号

责任编辑：徐 颖
封面设计：罗 洪
装帧设计：谢晓翠
责任校对：王凤芝
责任印制：杨 艳

出版发行：清华大学出版社
网 址：http://www.tup.com.cn, http://www.wqbook.com
地 址：北京清华大学学研大厦A座 邮 编：100084
社总机：010-62770175 邮 购：010-62786544
投稿与读者服务：010-62776969, c-service@tup.tsinghua.edu.cn
质量反馈：010-62772015, zhiliang@tup.tsinghua.edu.cn
印装者：三河市春园印刷有限公司
经 销：全国新华书店
开 本：145mm×210mm 印 张：9.375 插页：6 字 数：212千字
版 次：2018年9月第1版 印 次：2018年9月第1次印刷
定 价：69.00元

产品编号：067241-01

| 自序 |

仔细想想，这本书里所记录的都是关于城市的记忆碎片，而这些记忆所依附的物质载体，大都已经消失了。

过去的十几年，正是中国“城市化”高歌猛进的十几年。以北京为代表的中国城市成为全世界的工地和秀场，明星建筑师和明星建筑轮番登场，以摧枯拉朽之势构筑出“乌托邦”城市。在这一过程中，各种变化的时间维度被极度压缩了，也因此显得更加剧烈。

这无疑是一个“黄金时代”。作为一个记者，我有幸坐在前排，见证了这个时代万丈高楼平地起的壮举，见证了舞台中央空降的城市新地标，见证了拆迁和保护的激烈冲突——这些都是最好的魔幻现实题材。只是，在这些大拆大建的背后，有什么被我们忽视了呢？是随着物质载体的变迁而消逝的记忆。正如卡尔维诺在《看不见的城市》里所描述的，“记忆的潮水继续涌流，城市像海绵一般把它吸干而膨胀起来。描述今天的采拉，应该包含采拉的整个过去：然而这城不会泄露它的过去，只会把它像掌纹一样藏起来，写在街角、在窗格子里、在楼梯的扶手上、在避雷针的天线上、在旗杆上，每个环节依次呈现抓花的痕迹、刻凿的痕迹、涂鸦的痕迹。”

我第一次来北京是20世纪90年代初，小学毕业后的暑假，当时的北京还没那么多环，我和爸妈站在王府井，看到旅游地图上一个附近的地名，“金鱼胡同”，一定要去看看。因为在我心里，“胡同”和“北京”是画等号的，这么一条在市中心被标注的胡同，一定是最能代表北京的。到了却发现，金鱼胡同早已是一条繁华的大街，“胡同”之名只是一个残存的身份标记，在那里已经找不到任何有关“胡同”的记忆了。直到2005年，我第一次以记者身份去采访前门附近即将被拆迁的胡同居民时，才续上了这份戛然而止的“胡同”情结。我还记得，在兴隆街177号，赵更俊和妻子将红红的山楂一切两半，用小刀将中间的核细细剔除的情景。“每天早晨躺在床上就能听见奏国歌，穿过几条胡同，就是前门和天安门广场了。每天早晨六七点钟，对面第一笼包子的热气就飘出来，还有炸芝麻烧饼、麻花圈、薄脆、豆浆、豆腐脑、油条，赶着上学和上班的人都聚拢来了……”在窗下的柔和光影里，赵更俊慢悠悠地对我讲述着这个他祖辈生活的小院和胡同的故事，仿佛这一切还会不紧不慢地继续下去。其实我们都知道，在之后不久，一条扩宽至25米的马路就将从院子中间穿过，一半房屋都会被拆除。我不知道赵更俊家后来搬去了哪里，但一直记得他讲述的故事。而十年之后，人们去前门地区找寻的，也不是宽广的前门大街，而是大街周边残存的胡同，因为那里面才有更多赵更俊的故事，才有这个城市特有的记忆。

一个建筑师朋友曾对我说起他的困惑，关于城市的归属感。他重视人的城市体验，尤其在一些公共建筑中，精心设计了人的空间体验。但他发现，无论是项目业主，还是城市居民，都似乎更在乎建筑是否让人眼前一亮，好不好用在其次，更遑论公共性。一个原因是，作为城市事件主体的“人”长期被忽略，他们对城市建设长期丧失知情权和参与权，这种被动逐渐变成了根深蒂固的麻木。谁的城市？也成了一个模糊的问题。

这本书的主角，正是城市里的人。书中的文章都来自 2005 年至今我在《三联生活周刊》上发表的城市领域的报道，由一系列“城市事件”引发，背后则是事件中的人和他们的记忆。因为这些记忆，才是一个城市与其他城市的不同之处，才是一个城市的归属感所在。

我时常想起有一次去西安采访，站在城墙上，就好像置身一个隔绝了车水马龙的古代城市。不禁想象北京城墙若是不拆，会不会如梁思成当初设想的场景：“城墙上面，平均宽度约十公尺以上，可以沏花池，栽植丁香、蔷薇，或铺些草地，再安放些园椅。夏季黄昏，可供数十万人的纳凉游息。秋高气爽的时节，登高远眺，俯视全城，西北苍苍的西山，东南无际的平原，居住于城市的人民可以这样接近大自然，胸襟壮阔。城楼角楼可以辟为陈列馆、阅览室、茶点铺。这样的话，就是全世界独一无二的环城立体公园。”西安规划局原局长韩骥对我强调了城墙保护背后的情感因素，他曾经去佛罗伦萨考察古城，专门拜访了当地最重要的保护组织，“我们美丽的家园”，原来会长正是美第奇家族的后人，说古城保护已融入他们的血液，因为保护古城就是保护祖先留下来的财产，其次的保护力量才是有利益关系的商人和民众。我想，如果这些城市报道能在某一时刻唤起人们的情感记忆和保护意识，也就是它们最大的价值所在。

感谢这本书里的采访对象，是他们的讲述搭建起了这座记忆之城；感谢《三联生活周刊》的同事们，这些文章里有他们的智慧和协作；感谢清华大学出版社的编辑们，是他们为这些文章赋予了新的意义；感谢我的爱人、父母和孩子，他们陪伴和见证了我的写作，也是他们，让这些文字变得情感丰沛，有血有肉。

| 目录 |

01 城市与记忆

故宫最后的工匠

故宫大修自2002年起，将持续至2020年。对历经900年风雨的这座皇家宫殿的修缮，并不比整座重建的工程量小。厚厚的宫墙将社会和技术的更迭隔绝，大修的每一个环节——选材、工艺、工匠——都力求遵循传统。这套“官式古建筑营造技艺”包括“瓦木土石扎，油漆彩画糊”八大作，其下还细分了上百个工种。在封建等级制度之下，官式古建筑从材料、用色到做法，都要严格遵循营造则例，代表最高等级的紫禁城无疑是登峰造极之作。于是，故宫的修缮也成了一种仪式，成了传统的一部分——建立在这座伟大的物质文化遗产之上的“非物质文化遗产”。

回想故宫初建，自永乐四年（1406年）开始，备料和现场施

慈宁宫修缮工地

工持续了 13 年，动用了 10 万工匠，数十万劳役。这一代的修缮，很多方面只能从史料上重现当年的辉煌。比如选材："殿内铺用澄泥极细的金砖，是苏州制造的；殿基用的精砖是临清烧造的；石灰来自易州；石料有盘山艾叶青；西山大石窝汉白玉等；琉璃瓦料在三家店制造。这些都是照例的供应。照得楠杉大木，产在湖广川贵等处，差官采办，非四五年不得到京。"

相关工艺也在变异甚至消失。曾主管大修的故宫博物院前副院长晋宏逵表示，曾经的"八大作"都随着现代社会需求的萎缩而萎缩。"比如搭材作，过去用木材，现在用钢管了。过去用麻绳捆，现在改螺丝了。裱糊作，过去老百姓都要裱糊房子的时候，这个工种很发达，现在即便故宫里，也少有这一行当了。"

随工艺凋零的，当然还有工匠。《考工记》中记载着 2000 年前的手工艺，其中有匠人之职，属于营国修缮的工种，所谓"国有六职，百工居一"。封建社会灭亡后，古建筑营造的传统制度断裂了。故宫似乎是个特例，经年不断的修缮为传统工匠和工艺的传承提供了温室般的小社会。

故宫的修缮中心位于故宫外西路的未开放区建筑群中，仍保持着它在功能上的历史延续——在清代，它曾作为造办处，为皇家制造生活器具。按晋宏逵的要求，修缮中心有三大任务，一是大修工程；二是碎修保养（相当于故宫的物业）；三，也是最重要的，就是营造技艺和工匠的传承。"修故宫是门手艺，靠师傅的口传心授，徒弟的'筋劲儿'。"修缮中心主任李永革形容。

修缮中心伴随着新中国成立后故宫的三次大规模维修。1952

年成立的“故宫工程队”，就是修缮中心的前身。战乱时垃圾遍地、杂草丛生，国将不国，哪顾得上修故宫？新中国成立之初第一次大修的首要任务是清理垃圾，然后才是修缮整理。李永革原本是军人，1975 年复原来到故宫，当时故宫有个解说词，形容 1912 年到 1952 年有多乱，说是“从故宫清理出的垃圾，如果修一条 2 米宽，1 米高的路，可以从北京修到天津”。

谁来修故宫呢？一开始是从外面招人，每天早晨来上工，在门口发一个竹签，晚上干完活，大工给 2 块工钱，小工给 1 块，把签交还。如果干得不错，工头会说“明儿再来”，如果不好，“您别来了”。靠的是一种松散的管理。当时的故宫古建部主任是单士元先生，他觉得这样不是办法，就把一些在北京各大营造厂的“台柱子”召集到故宫，让他们带着徒弟一起来，发固定薪水，冬天“扣锅”时也上班，做模型，为开春挖瓦做准备。这些人在传统的“瓦木土石扎，油漆彩画糊”八大作中都有代表，当年号称故宫“十老”。这些顶尖高手是故宫修缮中心的第一代工匠，也是故宫古建传承的根。

第一代匠人大多走的是旧式传承之路——商号带徒弟。说起来，这些商号也与故宫有紧密的关联，清末各木厂、油漆局、冥衣铺、石厂大都集中在鼓楼西大街附近，东至东直门，西至甘水桥，延续了五六华里。这一位置离故宫神武门不远，属闲杂人等出入的门，正是为了方便去故宫接工程。在民间和宫里的双重实践中，他们练成了手艺。

20 世纪 50 年代到 70 年代的传承大多靠第一代工匠的口传心

授。第二代传人有木作的赵崇茂、翁克良，瓦作的朴学林，彩画作的张德才、王仲杰，现在已七八十岁了，大多身体不好或已去世。

“文化大革命”期间，师徒传承中断了。李永革1975年来故宫时，在大木作当了七八年学徒，但已经不兴磕头拜师、“封建迷信那一套”了，讲究“革命同志式的关怀”。当时“十老”中还有人健在，但也八九十岁了。李永革跟着赵崇茂师傅，但没磕头，没鞠躬，没有师徒名义。

李永革这批第三代工匠，来自故宫工程队历史上最大的一次招聘。20世纪70年代，故宫给国务院打报告“五到七年规划”，耗资1400万元，得以进行第二次大修，招收了457名技术工人。那个年代工作不好找，故宫在市中心，也是个事业单位，是不错的出路。李永革家住鼓楼附近，骑自行车10分钟就能到故宫，“离家近，是一宝”。何况木工是一门技术，故宫的木工无疑是这门手艺中水平最高的。

到2000年以后，第三代工匠也已经过了50岁，却不知把手艺传授给谁。李永革在修缮中心恢复了古建八大作中最重要的“铁三角”——木、瓦、彩画的传统“拜师会”：徒弟毕恭毕敬行三拜礼，送拜师礼，师傅们端坐椅上回赠收徒帖，一旁是引师、证师。他认为，古建传承还得靠师傅带徒弟。比如用作木建筑保护层的“地仗”，配方包含着岩石颜料、桐油、米浆、兽血等古老材料，尽管现在已不再是秘密，但春夏秋冬、何种木材、下不下雨，比例都不同，个中奥秘只有那些几十年经验的老工匠才能掌握。“就像老中医开药，药方不同。”

杨志和徒弟范俊杰在慈宁宫钉望板

"储上木以待良工"

据传统，宫殿安装大梁时必须择吉时焚香行礼。清代重修太和殿时，因是金銮殿，康熙皇帝要亲自主持梁木入榫典礼。不巧，大梁因榫卯不合悬而不下，典礼无法进行，这对皇帝是大不敬之事。工部官员急中生智，让木作工匠雷发达穿上官衣，带上工具，如猿猴般攀上脚手架，斧落榫合，上梁成功。康熙帝龙颜大悦，当面授予他工部营造所长班之职，后人编出"上有鲁班，下有长班，紫微照命，金殿封官"的韵语。这未必是史实，但从一个侧面表明了木结构对中国传统建筑的决定性作用，大木作的哲匠良工也是往往代表着一代营造匠人。翁克良就是大木作第二代工匠的代表。

自从1952年来故宫"问道"开始，翁克良在故宫一待就是50年，参与了"宫里"几乎所有大殿的大木维修。最让他自豪的，是修四大角楼：1951 年西北角楼、1959 年东北角楼、1981 年东南角楼、1984 年西南角楼。前两个角楼都是老前辈带着修的，修后两个角楼时，翁克良已经是木工组组长了，能亲自主持大木修缮。“一般人说是 9 梁 18 柱 72 条脊，其实比这还要复杂，上下三层，有 20 根柱子、28 个出角、16 个窝角。”虽然维修角楼时不慎被切断一截手指，他说也值得：“角楼是故宫木结构中最复杂的。还有谁能参与全部四个角楼的修缮？”

作为官式木建筑的顶峰之作，故宫主要采用中国北方地区大量使用的“抬梁式”大木结构体系。以木材制作柱、梁、斗拱、檩、椽等主要承重构件，由相互垂直的椽、檩承托上部屋面荷载，通过梁架与斗拱传递到木柱，最后将全部荷载传递到基础。

一座宫殿所用的木料和它的体量大致相当。明代修故宫非常奢侈，大殿常用金丝楠木，木纹中隐含金丝，在阳光照射下闪烁华美。入清以后，由于缺乏楠木，转而大量使用黄松。甚至乾隆皇帝为自己特别修建的颐和轩，也只是采用了红松做柱外包楠木的办法。据翁克良观察，如今故宫中已经没有完整的楠木殿，楠木使用较多的也只有南薰殿一处。再到后来，足够大的红松亦属难得，因此大量使用木料包镶拼接技术，太和殿内那些直径 1.5 米、高 13 米的“金龙柱”就是利用这种技术拼合而成的。现在市场上最好的就是大小兴安岭的红松，但也所剩无几，大口径木材开始从东南亚进口了。

大修中遵循“最小干预”和“减少扰动”的原则，木结构尽量不更换。有些木构件局部糟朽，失去承载能力，通常采取局部剔补方式处理。将糟朽部分剔除干净，用干燥旧木料按原式样、尺寸补配整齐。现在也在局部加入了新材料和工艺，如周圈剔补时，加铁箍一至两道，行话叫“穿铁鞋”。

在翁克良看来，最难的并不是重搭繁复的角楼，而是“抽梁换柱”——整体框架不动，把三面开口的柱子抽掉再安装。这就要在起重架抽取前，先在柱子上打号，记载它的角度，以确保安装后分毫不差地回到原位。“大木号”的做法古已有之，比如某根抽掉的柱子上记载“明间、东移缝、前檐柱、向北”，清楚标明位置，还有工匠的签名，类似一种责任制。

翁克良的手艺是在故宫外学成的。16 岁时，母亲就托人给他找了个师傅学木工手艺，就是刮、砍、凿、刺四项基本功。师傅叫侯宽，在营造厂做事。“当时拜师都要举行仪式。先得给木匠行的祖师爷鲁班上供，磕仨头，之后再给师傅磕仨头，还要给师傅送礼。做了徒弟之后，每年的年节也要给师傅送礼。师傅收徒都是一拨一拨的，也不会给人开小灶，徒弟们都给师傅打下手，自己靠悟性跟着学。当徒弟讲究‘三勤’，就是眼勤、手勤、腿勤，做不好就得挨师傅打，有时正干着活呢，刚一走神，师傅在后头随手拎起个木板就给屁股来一下。”翁克良学徒那时候，木工手艺一般是“三年零一节”出师，就是满三年之后，再逢一个年节日，这手艺就算学成了。

现在不像以前，不是师傅不愿教，而是徒弟不愿学了。20 世纪 70 年代，故宫木工组收了 30 多个徒弟，翁克良带过的也有不少，现在大多数都已改行或离开故宫了。如今故宫里又恢复了传统拜师仪式，他也收了两个徒弟，一个叫黄友芳，一个叫焦宝建，他送了十六个字："继承不骄，困难不馁，古建技艺，传承为任。"他跟老伴说："跟多俩儿子一样。"

翁克良的二儿子翁国强也在故宫做木匠。他参与了2003年武英殿的第二次修缮，巧合的是，翁克良也曾在1954年参与武英殿第一次修缮，两代人共修了一个大殿。武英殿是故宫此次大修中的试点，任木工工长的翁国强将殿顶拆下后，发现一根大梁早已糟朽不堪，空手就能掏下整块木渣，必须更换。但当时最大的新木料只有直径90厘米、长12米的红松木，对于武英殿来说远远不够大。翁克良去现场勘测，提出建议，是否可以加长一截，内以钢筋为芯，外包木料？这一建议被采纳了。不过翁克良现在认为，这种"钢芯"的做法并不符合文保原则，宁可进口国外的大口径木料。

几年前，翁克良亲手做了一个斗拱送给二儿子。斗拱是故宫木结构的基本象征。对木匠来说，它就是准则。"封建等级制度下的官式建筑确立了模数制，模数以哪儿为标准？就是斗拱。斗拱最下面一层的斗口宽度，定位为一个模数。一旦这个确定，就等于确定了整栋建筑的基本纲领，下面就跟着口诀走，比如檐柱十口分，金柱十二口分，柱高十一口分……"

"金砖"传说与旧瓦新釉

站在重建的建福宫香云亭顶俯瞰，起伏的屋顶在阳光照耀下霞光四射，一派气象万千、金海似的琉璃境界。五十出头的瓦匠白福春特别有成就感，“这片‘西火场’在我手中变得金碧辉煌了”。

白福春有个艺名叫“延承”。“这可是有家谱，有门有户的”。他拜了故宫第二代瓦匠朴学林为师，论起来，属兴隆马家的传承者。兴隆马家是清代显赫一时的北京古建筑营造世家。故宫文史资料载，明朝参与主持故宫修建的工匠，青史留名的共有四人：阮安、梁九、蒯祥、马天禄。工程完工后，其他三人都成了朝廷官员，只有马天禄依旧留在营造行业里，开办了兴隆木厂，承接皇家工程。 到清一代，皇室宫廷建筑都是在明朝基础上扩建和改造而成的，皇家大型工程，由内务大臣主管，再由工部转交给当时京城的十二家木厂承包。十二家中，以马家的兴隆木厂为首，所有皇家工程，都由“首柜”向工部统一承办，再分发给其他十一家木厂分头施工，类似于今天的总承包商。

“师傅比父母还重要。”白福春认真地强调。他在2005年底修缮中心的拜师会上正式拜了师，“干了这么多年，兜里没多少东西了。想拜您为师，从您手里掏出点东西来。”师傅已经年近八十，身体不太好，他每周都要去看望一次。“有什么不明白的，可以有人问，就觉得心里特有底。”

瓦作不只是屋顶的琉璃瓦，它其实涉及三个面——地面、墙面、屋面。地面的著名传说当然是“金砖”。白福春感叹，现在真正的“金砖”确如黄金般贵重，而且烧不出来了。金砖并非黄金做成，而是产自苏州的一种极高质量的细料方砖，而这种质量是靠手艺、靠时间磨出来的。传说中，要把某一段河道截断了，等泥淤三年，上岸晒三年，做起坯子三年再烧制，而成品率大概只有十分之一。砖的实际制作过程也相当烦琐，选土要经过掘、运、晒、推、舂、磨、筛共七道工序；经三级水池的澄清、沉淀、过滤、晾干，经人足踩踏，使其成泥；再用托板、木框、石轮等工具使其成形；再置于阴凉处阴干，每日搅动，8 个月后始得其泥，即传统工艺所说的“澄浆泥”。

现在苏州仍是金砖的唯一产地，其“御窑”的生产工艺已被确立为非物质文化遗产。故宫为这次大修中的室内地面，订购了近 4 万块金砖，尽管质量仍是最精良的，但已不是昔日的“金砖”，只能说是“方砖”了。晋宏逵说，为防止有朝一日太和殿内更换，故宫想发出定制真正金砖的要求，但好几年都没谈好。从光绪年间到现在，没人让他们烧过这种东西，还会不会烧都难说。李永革做过一个实验，100 块大金砖，最后的成品只有一两块。“这么算下来，一块砖的成本要上万元，谁会做？谁会买？”

故宫的墙砖与别处有什么不一样？白福春拿建福宫刚砌好的“干摆墙”举例：“每一块砖用的时候都要经过砍和磨，所谓‘磨砖对缝’，从外面看，砖缝细如发丝。”难就难在这儿，平常的砖砌上就行了，故宫不行，每块砖的五个面都必须砍成一个楔形，叫“五扒皮”。剩下要露在外面的一面是最大的，很容易把这个面对得很齐，像镜面一样。“经过这样‘五扒皮’的一块成品砖，如果另四个边稍微碰了一下，哪怕几毫米的一个小口，就废了。所以对砖的质量要求高，一方面不能太硬，斧子砍不动不行；另一方面又要相对柔和，不能很脆，容易崩。质量越致密、柔和、均匀越好。”

屋顶铺设琉璃瓦之前，还要经过若干工序。爬上香云亭屋顶，上面已有薄薄一层黑色涂层。白福春介绍，这是“铅背”，防水用的。之后确定天沟高低，“高了，围脊没地方了；矮了，水流不出来。”之后涂一层护板灰，就可以上两遍“泥背”，再两遍“灰背”，就可以铺瓦了。

金灿灿的黄色琉璃瓦为皇帝专用，为紫禁城铺设了一重标志性色彩。大修前，古建部对各处建筑屋顶的瓦都进行了勘察，目的是找出“瓦样”，即分类为乾隆年造、道光年造等不同样式，再画出图纸，标出顶瓦、檐瓦的不同位置。按照故宫的整体计划，表面残破面积超过 50%的琉璃瓦要替换，没有超过 50%的则要继续使用。这么算来，故宫中的琉璃瓦大约有 40% 需要替换。除了个别因破损要完全更换，大部分瓦都是时间久了釉色脱落，利用“复釉”技术，可以旧瓦翻新。钦安殿的琉璃瓦“复釉”就是白福春主持的。“古代的瓦尽管釉色脱落了，但胎体厚实，复釉后比现在新烧的瓦还好。在每一块砖和瓦里，都有标注和印章，“嘉庆某年，某窑，某某烧制”，干不好是要追究责任的”。干这个，白福春不觉得枯燥，“跟玩意儿似的”。

彩画行“先生”

“彩画行里，都称‘先生’。”张德才颇有些自豪，这就将彩画匠与古建“八大作”里的其他“师傅”区分开了。出现在建筑的藻井、斗拱、门楣、梁柱以及外檐处的彩画，凝聚了细节之美。不为人注意之处在于，彩画的第一重特性并非装饰，而是木建筑防腐的第一道防线：颜料可以避湿，有些更含有剧毒，令虫蚁退避三舍。此外，那些花草、云朵、西番莲等无生命的自然物与龙、凤等寓意吉祥的图腾的巧妙组合，向后人传递着比木结构更细致也更明确的历史信息。与彩画的多种功能相对应，彩画匠也有多重身份：画家、工匠、考古者。

寿康宫彩画绘制现场，薄薄的倾斜木板搭接在屋檐下，几个人间隔着默默站立，一站就是一天。在一笔笔勾画之间，一个彩画匠一天大概能画完半平方米。“像鸟一样的工作”——年过七十的张德才如此形容自己从事了一辈子的行当，“就是每天停在高高的架子上，不停地画啊画啊”。

寿康宫彩画绘制现场

张德才的“画室”在修缮中心后排的一间低矮小屋里，屋子很简陋，仅一桌，一椅，桌上摞满了一卷卷土黄色绘图纸，角落里是些油画笔、丁字尺。与这个院里大多数不修边幅的工匠们不同，他打扮得干净整齐，头发也梳得一丝不苟，看上去像个勤勤恳恳的老教师。被故宫返聘后，他就独自在这间小屋里，日复一日地在灯下“起谱子”，这些画在土黄色纸上的“谱子”将成为待修缮宫殿的基本依据。

张德才的父亲张连卿，是20世纪50年代的故宫“十老”之一，在鼓楼东大街上的文翰斋佛像铺出徒，后来成为北京城里数一数二的裱糊匠。清末民初，社会上没有彩画铺，彩画匠都出自油漆局和佛像铺。1953年，在单士元广纳古建贤才之时，张连卿带着两个儿子德恒和德才，一起来到故宫稳定下来。刚来的8年里，张德才跟着父亲画了几百张彩画小样，这也是单士元的提议：一个个大殿走遍，把彩画拓下来，然后，缩小复制成“小样”保存，为有朝一日的彩画修缮提供原始依据。

来故宫时张德才只有17岁，有天花5毛钱买了一把京胡回来摆弄，被父亲喝令马上扔了。因为画匠讲究的就是一心一意，有杂念是做不好事的。张德才门里出身，但他的师傅并不是父亲，“子弟没人瞧得起，非得拜师傅”，他拜了“十老”中的另一位——和文魁先生为师。“和先生在油漆局学徒，后来给人画灯片出了名，被请到去给恭王府最后一位主人溥心畬代笔画画，溥心畬是当时的大画家，和先生在王府里干了整整25年，也算是最好的画匠了。”和先生平时独来独往，不愿意收徒。张德才就每天从鼓楼东坐叮当车去他家，喝水下棋，天天如此，和先生终于有天对同住的侄子说一句“给你师哥倒水”，算是收下了这个徒弟。除了彩画，先生还给他讲《三国志》，教“四书”“五经”、珠算，让张德才十分佩服。

第一代故宫工匠已经湮灭。张德才觉得，父亲和师傅那代手艺人有共同的东西，就是珍视名誉，宁愿赔钱，也不能让人家说出不好来。“父亲一直强调，皇宫彩画向来是彩绘行业里的正统。也就是说绝不能偷工减料，一笔一画丝毫不能马虎，也不能为了工钱多少影响到彩画的质量。”

说起来，彩画的工序就那么几道：起谱子，落墨，扎孔，纹饰，贴金，沥粉，刷色，细部。有些传统随时间早已改变，比如颜料，原本全是天然矿物质的，现在两种最主要的色都是进口的化学颜料，石绿是巴黎绿，石青是从德国进口的。没办法，国产的质地、色泽没那么纯正。沥粉所用的工具原来是猪尿泡，利用它的弹性把粉挤出来，但因为这种原始材料味道难闻，已经换成了铁质器皿。但张德才认为，传统工艺不能丢，比如当年师傅教的是徒手画线，在底下也要不断画画练腕子。现在用上了工具，贴胶带纸画直线，圆规画圆，但那只是技巧，“技术是技术，技巧是技巧”。

跟着父亲画小样那8年，张德才几乎看遍了故宫的所有大殿彩画，发现彩画里的历史信息远比想象中复杂。粗分起来，故宫彩画有三大类：和玺彩画是等级最高的，画面由各种不同的龙或凤组成，沥粉贴金，金碧辉煌，主要用于外朝的重要建筑以及内廷中帝后居住的等级较高的宫殿。旋子彩画，以涡卷瓣旋花构成，一般用于次要宫殿或寺庙中。这两类都是“规矩活”，主要按形制绘制，没有自由发挥的余地。张德才更喜欢的，是画“白活”，也就是苏式彩画。它顾名思义，源于苏式园林，等级最低，风格犹如江南丝织，自由秀丽，花样丰富，多用在花园、内廷等处。三大类下面的细分就太多了，在古建部做彩画研究的第二代彩画匠王仲杰对此剖析得更为深入，“还要根据不同的功能、时期、等级等划分。比如都是皇帝的宫殿，办公处的太和殿、乾清宫、养心殿等宫殿多采用‘金龙和玺’彩画，皇帝生活起居的交泰殿、慈宁宫等处则采用‘龙凤和玺’彩画；太和殿前的弘义阁、体仁阁等较次要的殿宇使用的则是‘龙草和玺’彩画。皇帝祭奠祖先的太庙呢？无龙无凤，庄严肃穆；陵墓所在的清东西陵则更素雅；御花园则以苏式彩画为主。可以说，彩画中表现的封建等级制度，比木结构还要更细致更明确”。

因为形制的繁杂，一般能够起谱子的都是老先生。张德才说，清晚期的彩画一般在画面上划分为枋心、藻头和箍头三段。主要看中间的枋心辨别。但皇帝的喜好也很难捉摸，比如枋心里一道黑线，看起来不吉利，但有个解释，叫“一统万年青”；如果枋心里只刷蓝绿大色，又叫“普照乾坤”。“老先生画了几十年，才能一瞧就懂。”

样式雷：中国古建筑世家背影

关于“样式雷”，人们还停留在对梁思成在《中国建筑和中国建筑师》一段描述的想象中：“在清朝（1644—1911 年）二百六十余年间，北京皇室的建筑师成了世袭的职位。在 17 世纪末年，一个南方匠人雷发达来北京参加营造宫殿的工作，因为技术高超，很快就被提升担任设计工作。从他起一共七代直到清朝末年，主要的皇室建筑如宫殿、皇陵、圆明园、颐和园等都是雷氏负责的。这个世袭的建筑师家族被称为‘样式雷’。”这个主持设计了中国古代五分之一世界遗产的建筑世家，长久地隐身于这些遗产光环的背后。

雷姓的剩余价值

讲起家族故事，雷章宝不时要翻翻手边的一本书：“第一代雷发达、第二代雷金玉……”算起来，雷章宝是样式雷第十代孙，但他对祖先辉煌的了解，也大多源于研究者们书中的记述。

雷章宝住在北京门头沟的山脚下，退休前是石景山古城四中的体育老师，儿女也都跟建筑没什么关系了。他对样式雷的最早印象是在小学一年级，学校组织去北海、故宫参观，父亲很平静地告诉他："这些都是咱家老祖宗设计的，长大了再慢慢告诉你。"

雷章宝的太爷爷雷廷昌是第七代样式雷，官居二品，是样式雷家族的巅峰。雷廷昌有六个儿子，老大雷献彩成为第八代样式雷，延续了最后的辉煌。随着清王朝的灭亡，曾经显赫的样式雷家族没落到了社会最底层。据雷氏族谱记载，雷献彩曾先后两娶，却皆"无出"，他在失业的忧愁和没有子嗣的悲哀中离世。传承八代的样式雷就此终结。

家境败落后，雷家开始变卖家中部分图档，雷章宝说，当时在书市地摊上都可买到，并开始流至海外。这引起了朱启钤发起成立的中国营造学社的注意，他们十分看重这些资料的价值，向当时的文化基金会提出购存资料的建议。"要价3万大洋，最终以4500大洋成交。"雷章宝听父亲说，那种旧电影里的十轮大卡车，连画样和烫样一共装了10车。至1937年，北平图书馆收藏样式雷图样12180幅册、烫样78具。国家图书馆善本部原主任苏品红说，这是样式雷图档最大规模的一次收购。1966年，雷家又将一部分东西交给了北海文物局。雷章宝回忆："我六爷爷家的二叔和三爷爷家的大爷拉了一平板三轮的祖上的画像和图档。当时陆定一请他们在食堂吃了一顿炖肉烙饼，开了一张收据，随后还发了奖状。这个奖状后来寄回了二叔单位，'文革'开始后，二叔因为这个奖状受批斗，剩下的图纸和烫样就被雷氏后人偷偷烧掉，灰烬被抛撒在护城河里。"

如今，雷章宝家除了几本书和几张照片，再没什么样式雷的痕迹。他家里原来还有清东西陵的图纸、分支的族谱，但在"自查自毁自交”的时候都烧了。唯一留下的是太爷重修正阳门时，做正阳门的柁剩的下脚料做的木匣子。“那是楠木的，紫黑紫黑的，很沉。时间长了胶不黏，匣子就散了。1968 年帮工盖房子时候，被一个懂行的老木匠要走了，做了刨木头的底”。

这个庞大的建筑世家如今只剩下三个分支。一支是雷章宝的三爷爷雷献之家，他有两个儿子，一个叫雷文宝，一个叫雷文贵。“雷文宝很小就夭折了，那时候家里吃喝都不保。新中国成立前雷文贵住在德胜门北边的护城河边，每年冬天护城河结冰的时候，父子俩就帮人将冰块拉到冰窖，靠此挣点糊口钱。雷文贵的儿子雷成章则是谁家有了红白喜事就去混饭吃，抗美援朝开始后从军上了战场”。另一支是六爷爷雷献华家，有三个儿子：雷文龙、雷文雄、雷文彪。雷章宝听父亲讲，这个六爷爷很精明，他拿着家谱和雷廷昌的一封信找到朱启钤，朱出于怜悯，帮他在天津铁路局找了一份工作，这是雷家人里面工作稳定的了。还有一支就是雷章宝家，他的爷爷雷献瑞排行老五。家道败落后，雷献瑞曾在 20 世纪 30 年代靠给地方法院写帖子度日，后来不得已将城里房子变卖，于 1944 年回到巨山村东庙教私塾、写状纸养家糊口，去世时家里没钱买棺材，就从祖坟地里伐了几棵树，开板钉了个棺材将他埋了。

巨山村的祖坟可能是样式雷唯一曾为家族留下的建筑。这块祖坟是样式雷第五代雷景修设计，占地 30 亩。整个坟地设计成一艘船形，船头朝西南，是按当地风俗，朝向八宝山，船尾的方向朝着玉泉山，方位取向意为“头顶八宝，脚踩玉泉”，寓意是雷家人去世后，其灵魂可以乘这条船回到江西永修的老家。但祖坟在 20 世纪 60 年代平土地的时候也被平掉了。雷章宝记得，原本中间有汉白玉的石桌和石鼓，还有用青石围砌的宝鼎，现在都不见了。

雷章宝每年 3 次去祖坟扫墓，清明、七月初一、十月初一，是阴间换季时候，去烧些纸衣服。他记得，1998 年下半年，二叔雷文雄和三叔雷文彪来了这里，对他说“样式雷的大旗你来扛”，说“咱家的东西都捐给国家了，祖坟也平了。得跟国家提，重新提起样式雷”。雷文彪是家族后人中唯一学了建筑的，他年轻时想要发扬样式雷的传统，但后来还是回了襄樊当工人。富于戏剧性的是，第二年清明，天津大学建筑系的样式雷研究者们就来这里找他了，“他们已经找了雷氏后人 3 年，今年想起在清明期间在墓前轮流‘蹲守’，向扫墓的村民打听，终于找到我”。

自从作为样式雷的后人被“发掘”后，雷章宝似乎也成了这个新近被列入的“世界记忆遗产”的一部分。样式雷的图档公开展览，也邀请他作为贵宾。雷章宝意识到样式雷真的火了，“前不久有个房地产公司的董事长宣称是样式雷后代，还要将公司注册为‘样房雷’，但家族里从未听说过这个人”。

隐身的建筑师

续接上雷章宝这条线之前，有关样式雷的寻找已经断断续续地进行了 70 年，缥缈的线索散落在浩如烟海的 2 万多张图档中。天津大学建筑学院教授王其亨是其中最深入持久的研究者。1982 年，还是硕士研究生的他到国家图书馆去看样式雷的图档，一看就是 20 多年。

一提起这些图档，王其亨就很激动，他打了个比方："就像一个设计院里积攒了 200 多年的几万张图，一夜之间狂风大作，房倒屋塌，图纸随地乱飞，只能捡起一堆打一包，打了 320 多包，想寻找某一张就像大海捞针。"他说，样式雷的图样上有黄色的小标签，由于时间久，标签黏度不够，每翻开一次，图档上的标签就会掉，"有人会把掉了的标签收集起来用纸包好，有人就把标签扔了，或是重新贴上去但位置不对，因此，毁坏很多"。

这或许是一个重要原因，图档的纷繁芜杂阻碍了人们对这一传奇建筑世家的认知。就连很多建筑系学生也只停留在对梁思成在《中国建筑和中国建筑师》那段话的想象中："在清朝（1644—1911 年）二百六十余年间，北京皇室的建筑师成了世袭的职位。在 17 世纪末年，一个南方匠人雷发达来北京参加营造宫殿的工作，因为技术高超，很快就被提升担任设计工作。从他起一共七代直到清朝末年，主要的皇室建筑如宫殿、皇陵、圆明园、颐和园等都是雷氏负责的。这个世袭的建筑师家族被称为'样式雷'。"

王其亨认为，梁思成所说的"七代"不太准确，有证据表明样式雷传承了八代。而这八代十人所扮演的"样式房掌案"角色也并非世袭，而是职业竞争、优胜劣汰的结果。事实上，清代皇家建筑工程也并非只有雷氏一族承担，雷金玉之前有梁九，雷景修未成年时有郭九等任样式房掌案，包括雷家同族之间，也有争工事件发生。

在当时，样式房掌案是很有诱惑力的职位。王其亨说，按清代的工程管理体制，凡是工价银超过 50 两、料价银在 200 两以上的国家建筑工程，均要由皇帝钦派承修大臣组建工程处，负责工程的规划设计和施工。工程处下设样式房，由算手负责核算工程的工料钱粮，样子匠负责建筑规划设计，制作画样、烫样，指导施工。样式房的主持人就称为掌案，相当于总建筑师。在同治、光绪年间，雷氏家族在这个角色上达到了顶峰，朝廷给予的待遇也比较优厚。当时算手每个月的工资大概是 5 两银子，一般的样子匠 4 两银子，而像样式雷，就是 20 两银子。王其亨指出，样式雷的收入其实远不止此，因为他们可以公开拿到 20% 左右的工程回扣。档案显示，一个惠陵工程有 8 家材料供应商，如果平均每家给 200 两，就是 1000 多两白银。

为了保持雷氏家族的竞争力，雷家的男孩子十几岁就随父亲在工地上学习。比如样式雷第六代雷思起，从小就受到严格训练，曾随父亲参与昌西陵、慕东陵等工程，使他谙熟皇家营造工程的每个环节。这种近水楼台，旁人难以比拟，样式雷因此才能执掌样式房这么多代。

在历史上再也找不到一个建筑师家族，可以这么持久地创造出这么多建筑瑰宝。在日本和意大利有过类似的建筑世家，但也没有这么大的成就。但让王其亨悲哀的是:“在故宫、颐和园里游览，导游会给你讲神话传说，宫廷秘闻，但说起过这里的设计者是谁吗？有人问起过吗？”他说，这是中国古建筑长久以来的一个误区，认为官式建筑已臻标准化，比如清代有著名的《工程做法则例》，每个部件都有固定的规格尺寸，装配也有严格要求，因此，没有建筑师只有工匠。“这些世界遗产，难道都是工匠堆砌出来的吗？这些选址布局、结构、装修，怎么能没有设计师呢？”

“样式房之差，五行八作之首。”天津大学建筑学院张威说，在掌案的光环下，样式雷第七代雷廷昌也曾无奈感叹，“按规矩、例制之法绘图、烫样，上奉旨意，下遵堂思谕……更改由上意……”说明这一角色是受多重限制的。而在相关档案中，样子匠被称为“烫画样人”和“画工”，与普通工匠无异。

耐人寻味的是，雷廷昌曾留下一条祖训，“雷家后人不要当官从政”。雷章宝说，原因就是其父雷思起为了给慈禧太后建东陵和西陵劳累致死。据考证，雷思起最初按照祖制为两位太后修建陵墓，分为两个地宫，共用一个祭殿，但两位太后都不肯接受，他不得已重新修改方案，设计了两个各自独立、配殿和祭殿齐全的定东陵，终于得到首肯。但慈安去世后，独揽大权的慈禧为了体现自己的地位高于慈安，又下令将已建好的陵墓拆了重建。据称雷思起为此耗尽心血，最后过度劳累而死。

张威说，现在流传下来的2万多张样式雷图档上面是没有署名的，也很难从设计风格上分辨出来是谁画的。事实上，就连这些图档的外传都是一个偶然。原本，这些图档都属于皇家的机密文件。道光年间，接手样式房的样式雷第五代雷景修面对的已是一个内忧外患、满目疮痍的清政府。他不仅无法挽回样式房差务奉旨停止的厄运，还经历了海淀故宅被劫以及英法联军焚掠圆明园的惨剧，眼睁睁地看着样式雷家族几代人心血营造的“万园之园”被付之一炬。他将原本存放在圆明园外的画样、烫样偷偷运到了城内，并专门修建了三间房屋予以珍藏，由此，这些绝密建筑档案才在乱世中流到宫外。

样式雷和中国古建筑的没落

传承八代的建筑世家为何没落？表面看，是因为吸鸦片。王其亨说，样式雷图档记载，雷思起、雷廷昌都有伤，一个是腿疼，一个是腰疼，吸鸦片开始可能是为了止疼，后来上瘾了。

但样式雷没落的深层原因，则是清王朝灭亡。所谓“皮之不存，毛将焉附”，封建王朝的瓦解客观上不再需要一个专门的设计机构为其体现一个王族的意志而进行某种建筑物的设计和建造。而民国时期的反传统力量十分惊人，就像梁思成在《中国建筑史》序言中提到的那样：“近年来中国生活在剧烈变化中趋向西化，社会对于中国固有的建筑及其附艺多加以普遍的摧残……自‘西式楼房’盛行于通商大埠以来，豪富商贾及中产之家无不深爱新异，以中国原有建筑为陈腐。他们虽不是蓄意将中国建筑完全毁灭，而在事实上，国内原有很精美的建筑物多被拙劣幼稚的所谓西式楼房或门面取而代之。”

王其亨说，当时西方的建筑及测绘技术已经进入中国，现代的钢筋、混凝土结构设计需要正规学校训练，所以建筑师或者是外国人，或者是留学回来的中国人。比如京师大学堂，就由美国人墨菲设计。样式雷家族赖以生存的传统园林、宫殿和陵墓设计失去了市场。在这种背景下，样式雷也曾以传统技艺抗争，图档中就有他们为山东泰安煤矿绘制的图纸，但还是传统建筑，根本不适应现实。

“我们家都是为皇家设计服务的，家里的生活就是靠俸禄。清朝灭亡后全家失去了经济来源，最后坐吃山空。”雷章宝说。

失去胡同的前门大街

“内城中央的城门（前门）仍然保持着原来的样子。穿过这座城门或站在城门下面时，人们就会产生一种难忘的印象，感到这个独一无二的首都所特有的了不起的威严高贵。”——20世纪初的美国驻华公使保罗·S.芮恩施在《一个美国外交官使华记》中记录的前门，是北京的象征，也是最辉煌的商业中心。

明清前门商业的兴起正因其连接皇城内外气脉的地理位置，当时的吏、兵、户、礼、刑、工六大部，都设在前门内的东西两侧，只隔一道城墙。明成祖迁都北京后，将南城垣向南拓展了二里，正阳门内、大明门前的棋盘街，由此成了连接东、西城的主要通道，政府的各部门也集中在街道两旁，商铺也随之围聚过来。再加上官方还在各城门附近建“廊房”，引导商业的发展，前门外由“朝前市”逐渐发展成为一个商业中心。到了清朝，京师施行旗民分城，加之有禁止旗人从事工商业、内城不得有戏馆等例禁，商贩多集于正阳门、崇文门和宣武门以外。前门因是“国门”，王侯将相、外交使节、翰林学士及科考举子往来穿梭，使得这里店铺客栈鳞次栉比，老商号云集，成为声名显赫的“天下第一商街”。据统计，小小前门一带，方圆不过几里，光会馆就有140多家，其繁华鼎盛，可见一斑。

20世纪八九十年代开始，随着商业中心的位移，前门老商业街的特色风貌、文化韵味，都在逐渐销铄，这里慢慢成了廉价小商品、陈旧老字号和小旅馆的汇集地，“头顶马聚源、身穿瑞蚨祥、脚踏内联升、腰缠四大恒”之盛景再不复现。前门，变成一个昔日符号。

如今的前门又成了光鲜的商业步行街。只是，老街和老字号之形尚在，某些东西却已经找不回来了。回望2007年前门改造的起点——前门大街两侧的胡同拓宽成车行道，或许可以让人们想一想，丢失的是什么。

生活：“兴隆街上兴隆象”

窗下的光影里，兴隆街177号赵更俊的妻子将红红的山楂一切两半，用小刀将中间的核细细剔除，放在簸箕里。这是一间北房，作为日常起居的屋子，在赵家整个院子的后端。“一开路，这屋子就临街了”，按规划，一条扩宽至25米的道路将从院子中间穿过，东西厢房和南房都会被切割掉。那是赵更俊难以想象的情景，他想把整个院子保留下来，毕竟，它已经作为一个整体存在将近100年了。

“兴隆街上兴隆象”，正如它的名字，这条街自古以来就是一条买卖街，如同街上大多数人家一样，赵更俊的爷爷买下街面上的这个院子，经营起一个定做成衣的裁缝店。多年过去，赵家的后辈们已经不再经商，这座房子也慢慢变了样子，很多物件，都得老一辈人才认得是哪个年代的。3.7米高的房顶上吊着的是30年前的三叉铁艺灯，已经锈迹斑斑，赵更俊说，灯管也改用现代的了。地板上的大青砖，1979年换成了水磨石的，觉得更干净漂亮，后来就有点后悔了。赵更俊说，很多东西觉着还是以前的好，而且房子虽然破败了，整个结构还在，气度就还在。“梁、木板、席子、土、瓦，一层盖一层，屋顶几十年纹丝不动，从来没漏过雨。”让赵更俊得意的是他家起居室和卧室之间的那扇中式木质隔扇，暗绿色，雕花清晰精美，是他在1983年房子返还时重新找回来的。“如今，这样的隔扇可不好找了。”

“每天早晨躺在床上就能听见奏国歌”，赵更俊比画着，从得丰西巷往北走几步到长巷上头条，穿出就是前门和天安门广场，“按现在的拆迁补偿标准，我们只能搬到大兴、良乡去住了”。他拿出一份拆迁的宣传材料：“你看，迁至三环到四环的，每户给1万元；四环到五环给2万元，五环外给3万元，这不是明摆着把我们往外疏散吗？”

“要说这儿的生活，那真是太方便了。”赵更俊做了3年的青云社区居委会主任，负责附近十几条胡同，对这片地区如数家珍：“就说早点吧，每天早晨六七点钟，这条街上就开始热闹起来，对面第一笼包子的热气飘出来，还有芝麻烧饼、麻花圈、薄脆、豆浆、豆腐脑、油条，赶着上学、上班前吃早点的人都聚拢来了。我一般会去对面小店里吃，想吃点别的了，就去鲜鱼口的天兴居炒肝，两块钱一大碗，或者跑两站地，去磁器口尝还算地道的豆汁儿，好的就是这口儿。有时，跑到南芦草园的正明斋买糕点。”

傍晚时分，正是一天里最热闹的时候，上学、上班的从外面赶回来，副食品店、杂货店、粮店，卖菜的、卖水果的忙着招呼，街面上的叫卖声也此起彼伏地响起来——“黄酱、辣椒酱、臭豆腐、酱豆腐……”“收买老怀表、小人书、照相机喽！”

比起被前门大街隔开的西侧区域，东侧没有一条像大栅栏那样响当当的商业街，鲜鱼口、兴隆街和打磨厂，那些餐馆、旅馆、传统手工艺，更多的是为居民而不是为游客而建，声名不会被游客传播到四方，“老字号”渐渐萧条湮灭。但似乎也正因如此，胡同街巷交错的布局和其中的传统市井生活被基本完整地保留下来。

商业：打磨厂记忆

“买鞋要到内联升，买帽要去马聚源，买布要逛瑞蚨祥，买咸菜要去六必居，买点心要到正明斋，买表要到亨得利，买秋梨膏要到通三益，买水果糖到老大芳……就连买五分钱一包的茶叶末，也要去张一元。”家住西打磨厂的李师傅说，不管是谁，不管他手头钱有多紧，前门让他们近水楼台先得月，买什么都讲究，买什么都能说出个子丑寅卯。

李师傅说起这些昔日熠熠发光的名字，亲热劲儿就跟到老街坊家串门一样，恍惚中又回到了那个年代。

“附近光戏院就七八个，广和、大众、华乐、大观楼，我有生以来看的第一场评剧就是在大众看的，是小白玉霜演的《豆汁记》。现在的全聚德烤鸭店后边有个广和戏院，过去叫广和楼的，中间被一把大火烧了，我小时候就跑到那残垣断壁上去玩，后来修了重新开张，却没了名角，萧条了，后来改演电影，又放录像，甚至有一段时间改成商店，现在彻底停业了。多好一个大戏院！”

“同乐胡同电影院后门旁的胡同里都是摊位，你说你吃什么吧，爆肚，豆腐脑，还是烧饼？焦圈往烧饼里一夹，一咬都是脆的。”李师傅忘不了的还有那些好吃的，“天盛斋的清酱肉，得五年才能做成，讲究老汤，一做出来那肉是硬的，切出来是红的，吃到嘴里是酥的，切的薄片不能碎，嚼起来那味道……现在没有了，食品厂的总经理都不知道怎么做了。”

李师傅从小就生活的打磨厂街，是一条自明朝就有的老街，以房山来打制石磨石器的石匠多而得名。打磨厂的手艺人多，有名的店铺也多，据曾居住于此的作家肖复兴回忆，当年有绸布店中八大祥之一瑞生祥，四大饭庄之一的福寿堂，老二酉堂、宝文堂书局，顺兴刻刀张，同仁堂药铺的制药车间，京城四大名医施今墨先生的得意弟子董德懋私人诊所。至于曾经名噪一时的，如福兴楼饭庄、恒济药店、天乐茶园、万昌锡铺、三山斋眼镜店、泰丰粮栈，以及叫上名和叫不上名来的宫灯厂、纸扇店、年画店、刀枪铺、豆腐店，大小不一的安寓客店，还有铁柱宫、火神庙那些儒道杂陈的大小庙宇，都鳞次栉比地挤在这里。“只要想一想打磨厂东西一共三里长，居然能够挤满这些店铺，就足可以想象当年有多么香火鼎盛。吃喝玩乐，诗书琴画，外带烧香拜佛，在这样的一条胡同里都解决了。”

“别的不说，就说这腾炉子的，把炉子拿沙子腾出来，是专门一门手艺，有个沙子董，前门饭店大饭馆请他去，火苗子一下子腾腾上蹿，一尺多高。”李师傅感慨地说，“现在人哪有过去那工匠的手艺啊，就说磨砖对缝，你看现在哪个石匠能做出来？手艺这东西靠心领神会，时代过去了，人们不再理会了，手艺都断档了……这点东西全没了，哪里还有传统？”

如今，这条街上的老字号已经改头换面，唯一保留着的是街东口同仁堂的制药厂，浓密的树荫下，“同修仁德”的大字还清晰可辨。“你能想到这是条胡同吗？”李师傅指了同仁堂旁边的一条缝，不到一米宽，只能走一个人，北边走到头原来还有一块“泰山石敢当”的石头，大概是北京现存最窄的胡同了。这就是同乐胡同。据说，以前这里只是同仁堂制药厂的风火道。同仁堂的掌柜在制药厂旁边买了地盖了房，将家眷搬到这里住，一边是住宅，一边是制药厂，两边夹起了这条夹道。

李师傅说，最近这些年，外国人老爱往这条街上转，找找门脸什么的，对老四合院特别感兴趣。“把胡同拆了还有什么意思，正因为有这种街道，有这种建筑，有这种人，有这种打扮，你一回忆，哦，是那样的！”

时间在老房子上默默刻画下痕迹，即使是那些毁掉的或斑驳的遗迹，也足以给人怀旧或想象的空间。在乐家胡同北口，有一座二层的小楼，一面是青灰色的墙，磨砖对缝，一面是朱红色镂空花纹的老式窗棂，还保存着以前的样子。这里原是乐家小姐的绣楼，时光似乎在这里定格。李师傅感叹，路边方形的电线杆子是日伪时期的，只有打磨厂街才有了。对面一个“北京地下城”的牌匾，似乎通向一道幽深的地下道，几个穿迷彩服的人坐在里面，据说是新近开发的防空洞探险，吸引了一拨一拨对20世纪60年代神秘中国怀着好奇心的外国人。

胡同、街巷、大街的变奏

“我都在这儿住了几十年了，早晨6点多钟起来，或者平时没事的时候，还是喜欢去前门大街或者天坛遛弯儿。一路上，穿过像蜘蛛网一样的小胡同，穿过热闹的打磨厂、鲜鱼口街，再来到前门大街。像走迷宫一样。”李师傅说。

前门大街东侧的鲜鱼口街，作为历史文化保护街区，由元代的鱼市发展而来，清代是仅次于大栅栏的商业街。当年这里有著名的马聚源帽店、田老泉毡帽店、天成斋鞋店、焖炉烤鸭老铺便宜坊、正明斋饽饽铺、长春堂药店、大众戏院、会仙居及天兴居炒肝店，至今仍保留有便宜坊烤鸭店、天兴居炒肝店，而其他大多数店铺已成为外地人开设的简陋的美容美发店、小饭馆，正值中午时分，每家饭馆都有一两个伙计站在店门口招徕过往行人，吆喝声此起彼伏。进入鲜鱼口腹地，胡同幽长、趣味横生、闹中取静，仿佛走进一个人的心里去。会馆、戏楼、客栈、小寺庙星罗棋布，将安静的四合院民居点缀为生动的社区。

沿着打磨厂街向东走，与其相连的长巷头条至草厂十条都在胡同中部拐了个弯儿，胡同为北京旧城少见的南北走向，而且分布较密，间隔仅30米。比如长巷下二条为曲尺型，走的时候不觉得，以为一直往南走，其实出了口已经是面向东了。从地图上看，北起西打磨厂街，南至南芦草园胡同，西起长巷头条，东至草厂十条，数十条胡同呈弧形排列，上万民居分布其中。

扇面的圆心位于现在的长巷四条小学，赵更俊就是在这儿上的小学。他说，这种分布形式是永定河古河道给冲出来的，古河道地势低洼，自然形成了天然的给排水通道。为了给水、排水以至于航运的方便，在这条河道两侧首先形成了居民点，随之产生的街巷与河道或平行或垂直，随着河道一溜歪斜起来。这与天津等沿水城市的街巷成因是一致的。如今水道虽已不存，却留下了大量可资考证的地名，像三里河、芦草园、薛家湾、西湖营等，使人得以想象早年间这一带水道纵横的景象。

进入长巷头条、二条、三条，建筑还保存得十分完好，长巷二条北口的东边是一个门楼，清水脊，雕刻了花草、器皿、文房四宝，其中的宝瓶砖雕，刻有细细的镂空的绳子，经历近百年的风吹雨打，丝毫未损，如不仔细看还以为是真的绳子搭在了砖雕上。长巷头条左转是庆隆胡同，已经基本被拆没了，剩下一座一进的四合院，是曾经的湖北会馆，从门楼上看，元宝脊，金柱大门，抱鼓形门墩儿，双门簪，门楼内左、中、右各有支撑匾的托儿。一路上还遇到台湾会馆、湖北会馆、福建会馆，赵更俊说，这些会馆就相当于现在的各省驻京办事处。这些房子大多建于明清，因为年久失修，破败下来，但基本格局还在。幽深的南芦草巷中，一个扫落叶的老太太招呼笔者：“看这砖雕多漂亮，拍吧，再不拍就没了。能不能把这砖雕找人买下来？要是拆的时候砸了，可就再也找不到了。”

“前门大街东侧地区作为历史保护区，对它的工程就应该把发掘、复兴、继承其历史趣味为方向，应该多做做‘舒筋活血’的实事，掸去尘埃、重现光彩是需要投入的，可目前却是投入到开马路上面去了。”《城记》作者王军说。

“前门商业区既要‘步行与公交’，又要‘汽车与快速路’，这是不可能的，因为北京的胡同、街巷体系街道窄、人口密度大，一旦选择美国式的‘汽车与快速路’，就会令道路严重拥堵，最终破坏步行街的商业气氛。”王军形容，这种割裂历史保护区胡同街巷格局的“路网加密”，引入大量城市交通，如同让公牛闯入瓷器店。

步行街的商业重兴想象

在一个有关前门的研讨会上，研究老北京商业文化的首都师范大学教授袁家方拿出三张照片，那是一家老字号的门脸。大家都挺纳闷：“怎么一个地方拍了三张？”再仔细一看，牌匾上的名号不同，这不是一家，而是三家：同仁堂、同春堂、张一元。袁家方说，就在相隔不远的前门大街和大栅栏里，这三家翻建了新楼，看上去气宇轩昂，仔细一看，都是二层，琉璃瓦，几乎是一张图纸出来的，如果不是牌匾不同，简直看不出区别。“黄琉璃瓦是古代皇帝专用的，复古也要有点讲究啊。”袁家方感叹，像这样的改造，前门大街这几年倒是“成绩斐然”，但老前门的味儿——没了。

前门大街需要一次什么样的改造呢？东城区在对未来前门大街的描述中说，前门大街将建成传统商业步行街，由京味文化、中外美食、品牌购物、休闲保健等功能区组成，沿途有阳平会馆、前门古建筑群、天乐园茶楼等9处重点景观以及80多家中华老字号。

“挂上老字号的牌子，可没那个手艺了，没用！”家住打磨厂西街的李师傅感叹着。与王府井相比，前门老商业街的特色就在于老北京的原汁原味儿，现在只留下大体街巷格局，还有寥若晨星的几家老字号支撑着重兴的梦。袁家方记得，去年冬天有老朋友邀了他去吃便宜坊，饭馆里冷冷清清的，鱼端上来是冷的，烤鸭更是没了记忆中的滋味。袁家方忍不住问：“木楼梯哪儿去了？”木楼梯换成了坚硬的水泥楼梯，那种听着咯咯吱吱、摇摇晃晃的味道就没了。袁家方说，像同仁堂这样仍然在人们日常生活中发挥作用的老字号已经不多了，更多的传统技艺，随着消费习惯的改变而少人问津。“那就养着它，把手艺原封不动传下来，细细打磨出光亮来。”

传统商业也有些创新的好办法，袁家方曾经建议重现“前门街舞”的盛景。当年徽班进京时，前门一带有七个戏园子，没有后台，演员们就都穿好了戏服、化好了妆从家里浩浩荡荡走过去，那可真是一道风景。就像《白毛女》里唱的，前门商业区是“一树兰花两下里开，一家人儿两分开”。但是，大街本身和其东侧归东城区，西侧归西城区，一个整体街区在行政上分而治之，割裂了一个完整的商业文化圈。如果从前门大街走到大栅栏的戏院，就牵扯到两个区的利益，如何协调？也就不了了之了。

“以前就有商业的火种，再点一把火还能燃烧，但别指望它能一下子火起来，也先别指望它赚钱。”袁家方说，将胡同街巷改成车行道，就是与传统商业文化背道而驰的做法。

“逛商业街，乐趣不仅在购物，还在体味一种生活方式，因为商业街总是最能体现当地风土人情的地方。”袁家方说，前门大街之中，由饭馆、客栈，会馆、镖局、戏院构成的鲜鱼口、打磨厂小街，再加上胡同肌理和原住民的真实生活，才构成了前门地区多重的趣味。如果还像平安大街和两广大街，没有了周围的“毛细血管”，外表再光鲜，一个孤零零的前门步行街又有什么意思呢？

寻找失去的恭王府

咸丰元年（1851 年），道光帝第六子奕䜣被封为恭亲王——这是清朝封建等级阶梯上一人之下万人之上的位子，他也得以在次年搬入什刹海边的王府。为迎接第三代主人，这座府邸的中路礼仪殿堂进行了一系列改造，力求遵循顺治九年（1652 年）定下的府建规制："亲王府，基高十尺，外周围墙。正门广五间，启门三。正殿，广七间，前墀周围石栏。左右翼楼，各广九间。后殿，广五间。寝室二重，各广五间。后楼一重，上下各广七间。自后殿至楼，左右均列广庑正门、殿、寝，均绿色琉璃瓦。后楼、翼楼、旁庑，均本色简瓦。正殿上安螭吻、压脊仙人，以次，凡七种；余房，用五种。凡有正房、正楼门柱，均红青油饰。每门，金钉六十有三。梁柱帖金，绘画五爪云龙及各色花草。正殿中设座，高八尺，广十有一尺，修九尺，基高尺有五寸，朱裸彩绘五色云龙，座后屏三开，上绘金云龙，均五爪。雕刻龙首有禁。凡旁庑楼屋，均丹朱户。其府库、仓焦、厨即及抵候各执事房屋，随宜建置于左右，门往黑油，屋均板瓦。"

恭王府管理中心主任是谷长江，他们在 2004 年考古发掘银安殿时在遗址中发现一块砖，上面有"王府足制"字样，这说明当年中路正殿是由 1852 年恭亲王分府时重建，正门到神殿的屋顶改以绿琉璃瓦覆盖。只是，由于三路格局在和珅时期就已形成，中路院宽难以布置亲王府应有的七间正殿，恭王府只好沿用旧基的五间。

同治四年（1865 年）的几张“样式雷”恭王府及其花园图，所绘图景也最接近恭王府历史上的黄金时期。1861 年到 1874 年，即“同治中兴”的十几年，恭亲王协助两宫皇太后垂帘听政，他本人被任命为议政王总揽朝政，推行“洋务运动”，享双份俸禄，达到其个人权力和声望的顶峰。这一时期，恭亲王在这里主持国家的重要仪式，恭王府成为实际上的政府所在地。北京市古建研究所研究员王世仁认为，这几张“样式雷”图正是这一时期大修工程的设计图，重点是改造了花园。

2004 年启动的恭王府大修历时 4 年多，这也是自 150 年前恭亲王分府以来的第一次。“问题是，要恢复到哪一时期的恭王府？”正如著名历史地理学家侯仁之先生的形容，“一座恭王府，半部清朝史”，恭王府已走过 230 多年历史，就像一个人，走过少年、青年、中年、晚年，每段历史都叠加其中，不是一个静态的点。争论的结果，复建的主线还是定在恭亲王中期的 19 世纪 60 年代到 80 年代，恭王府和其主人的最后一个极盛时期，“作为清代王府的样本”。

恭亲王奕䜣已经是这座王府的第三位主人。可以考证的第一位主人是乾隆皇帝的宠臣和珅，当时和珅大兴土木、逾制修建，虽不称王府，但宅第的精美富丽不亚于王府，奠定了今日恭王府的规模。在这里，和珅的儿子丰绅殷德迎娶了乾隆之女和孝公主，所居东部宅院依公主府规制进行改建，此次在乐道堂内檐发现了只有公主能用的凤和玺彩画，验证了这点。乾隆驾崩后，嘉庆宣布和珅二十条罪状，赐其自尽，宅中所抄家产相当于清廷十年财政收入的总和。后来，和珅宅归“爱豪宅不爱江山”的庆郡王永璘所有，与和孝公主各享半座宅第。生性闲散的永璘并未对旧宅做什么大改动，以至于对里面的很多逾制之物也熟视无睹，他死后被举报有毗卢帽门口 4 座，太平缸 54 口，铜路灯 36 对，幸得嘉庆皇帝袒护，“为和珅旧物”。永璘死后，按清制“世袭递降”，宅子被收回，直到迎来恭亲王奕䜣。

恭亲王辉煌之后，恭王府也如抛物线从顶点逐步下滑。因“铁帽子王”奕䜣享有“世袭罔替”制度，长孙“小恭王”溥伟和其同父异母弟弟溥儒成为这座王府的最后一代主人。此后清朝灭亡，一代王府变为天主教堂、辅仁大学校舍，新中国成立后又被中央音乐学院附中、中国艺术研究院、中国文联研究室等 8 个单位、200 多户占据，每一个进入者都按照自己的使用功能需要进行改造。等到 2003 年，这座昔日的王府已经面目全非。“就像一个人骨骼还在，但已被毁容了。”清华大学建筑设计院设计师陈彤形容。

“90 年前被大火烧毁的银安殿所在地是各种私搭乱建的临时房屋。音乐学院附中建的两座小楼突兀地立在建筑群前方。建筑外观被改建或破损，室内装修几乎全部改变，外檐彩画全部被覆盖，墙壁上绘上了《红楼梦》彩画，甚至还有‘文革’标语……”谷长江回忆。那一天，他陪同谷牧和李岚清同来，看到多福轩里艺术研究院录音室迁走后的一片狼藉，谷牧忍不住拍了桌子。自

1978年起，谷牧就一直为恭王府的腾退和开放事宜而奔波。重建恭王府是周总理去世前对他的三大嘱托之一，其他两件事是建设国家图书馆和琉璃厂。到2003年，历时近30年的恭王府腾退渐入尾声，但历史只剩下一些蛛丝马迹。

多重历史覆盖下的恭王府大修更像是一次考古发掘——对仅存的蛛丝马迹解剖、辨别、选择，拼贴出这座王府150年前的黄金时代概貌，而更多的历史拼图仍在找寻之中。

第一块拼图

“恭王府的周围也都是王府。西边是涛贝勒府、庆王府，东边是罗王府，河对岸是醇亲王府，还有很多清朝大臣、文人墨客等的宅第，包括翁同龢也住在这儿。”恭王府管理中心党委副书记吴杰说，什刹海一带拥有北京内城一片难得的宽广水域，因此形成了清末王府的聚集地。

清朝统治者入关以后，究竟在北京建立了多少王府，没有一个准确的记载，其原因首先是清朝的封爵制度有“世袭罔替”和“世袭递降”之别，决定了一部分王府的不稳定性和变更性。某些王府主人的封爵一旦达不到资格，就必须另行分府，于是一座王府会出现多个名称。其次是历史的变迁和王府的衰败，造成了文献记载的缺失。有的学者认为，整个清朝大概有百余座王府。伴随着清朝的灭亡，这百余座王府在新中国成立之初，可以进行统计的有六十余座。

恭王府的命运，是北京王府的一个缩影。谷长江他们曾在2003年对北京现存的王府进行了系统考察，他发现，能够留下较深印象的不过十余座了。“醇亲王府府邸现为国家某机关办公用地，克勤郡王府现为一座小学，虽然保存基本完整，维修保护也不错，但被挪作他用。郑王府府邸各个殿堂之间的广场，已建造了许多家属宿舍楼，现代宿舍楼夹杂着王府殿堂，被学者称为‘套中’的王府。像这样的王府虽然建筑规模宏大，气势雄伟，但难以看到完整的规制。而位于定阜大街的庆王府目前尚保存有造型别致的‘绣楼’，但整个王府中住了600多户居民，连绣楼里也是住户，日渐破败。”

“到目前为止，能够对外部分开放的只有恭王府一座。也是唯一可能作为北京王府样本的了。”谷长江叹息，如果不是周总理和谷牧长期奔走，连这也是无法想象的。在8年努力之后，后花园终于在1988年向游客开放。“为了赶在亚运会前，中央要求我们以园养园，那年我们的门票是5元，在当时相当贵了，仅次于故宫。”吴杰说，那时花园是按照《红楼梦》主题来策划的，红楼梦学会就在其中，“大观园”的想象为它附加了多重意象。

昔日王府府邸里的新住户“有文化”，但是穷。“文化单位房子紧张，本来就没房子住，前脚让这家搬走了，马上就会有人跳窗户撬锁，夹着被窝卷又住进去。”吴杰说。就这么“前搬后占”，200多户居民直到1999年才搬走。

最后搬走的是中国音乐学院附中。那是2005年底，恭王府管理中心终于拆除了古建筑前的两座小楼，历时30年的腾退大功告成，“资金花费足有四五个亿”。

“侯仁之先生曾说，北京的明珠是什刹海，什刹海的明珠是恭王府。为什么恭王府是明珠上的明珠？”吴杰认为，恭王府不仅是北京王府的孤本，它还经历了由私宅改为王府的历程，几位主人也都在历史上起着举足轻重的作用，因此有着比其他王府更多的附加价值。

除了几张“样式雷”图之外，恭王府似乎没有在官方资料里留下太多记载。官方主要记载故宫和皇帝的活动，不包括各个王府，而普通人又很难进入王府一窥究竟，复建依据到哪里去寻找呢？

“有原始依据的，按照原始依据修缮；没有原始依据的，按最接近的历史依据进行修缮；既无原始依据又无历史依据的，在专家指导下修缮；专家也吃不准的，按现状保护性修缮。”面对匮乏的史料，谷长江定下大修基调。

恭王府的第一块拼图来自一个重要的历史时刻。“那是 1937 年 5 月 31 日到 6 月 3 日中国营造学社到恭王府的考察。为什么说这一时期重要呢？”恭王府管理中心专家组组长孔祥星说，“因为再过一个月，日本就要全面侵占北平，进入恭王府；而 1937 年也是恭王府要变为辅仁大学女子学院校舍的那一年。营造学社考察是对王府原貌的最后一瞥。”

孔祥星与梁思成的孙子私交很好，曾拜托对方：“能否通过你奶奶林洙找一下这些图？”当时主管清华建筑系资料室的林洙找到 1937 年中国营造学社对当时恭王府的实测图 10 份，还有 1947 年的实测图 16 份，涉及王府的各个关键部分。只可惜，所有图纸皆是草图，充满杂乱的曲线和难解的图形。

当时负责具体测绘的莫宗江和刘致平均于 20 世纪 90 年代去世。“我上学的时候还经常看到莫先生在清华骑自行车的身影呢。我们显然慢了一步。”参与大修设计的陈彤说。

零星的恭王府记载来自国外。谷长江说，因为那时候恭亲王主持总理各国事务衙门，开展洋务运动，外国人比中国人更多进入王府。有关恭王府最早的系统记载就是在德国波恩找到的，1940 年辅仁大学主办的《华裔学志》刊登了燕京大学图书馆馆长陈洪舜和美国汉学家凯茨对整个王府府邸、花园进行实地考察后的论文，并拍摄了数十幅照片。现在《华裔学志》已迁至德国，孔祥星通过德国大使馆找到 1940 年那期杂志，陈洪舜的女儿陈岚得知后，捐赠了当时的 65 幅照片，成为最有力的原始依据。

昨日重现？

恭王府的气派在中路院落的宫门处得到了淋漓尽致的表现：两尊巨大的石狮子蹲在雕花的石座上，虎视眈眈地守卫着王府的府邸。前门的屋顶覆盖着绿色的琉璃瓦——这种颜色的琉璃瓦是亲王身份的最显著象征，皇帝留给自己用的是黄色和蓝色的琉璃瓦。

清华大学古建筑专家郭黛姮教授 2003 年底来到恭王府的时候，被这最后的王府气象震撼了。但一进了府门，就是空旷的院子，长满了荒草。这儿曾是富丽堂皇的恭王府正殿——银安殿及其配殿的所在地，这一礼仪性场所里浓缩了王府的威仪，只在举行重大仪式时才打开。但就在清朝灭亡不久后的 1916 年元宵节，它们全都毁于一场大火。人们只能从《大清会典·事例》的记载中想象出一点当时的情景："正殿中设座，高八尺，广十有一尺，修九尺。基座高尺有五寸，朱须彩绘五色云龙。座后屏三开。上绘金云龙均五爪，雕刻龙首有禁。"

"根据《文物保护法》，全毁建筑不再复建。但恭王府其他建筑还在，缺少了正殿怎么行？"在谷长江的坚持下，国家文物局同意复建。

"但我们有的只是这堆废墟。"郭黛姮说，既找不到见过银安殿的人，也找不到一张照片，有限的史料中，也缺乏对此殿的详细记载。

仅凭"样式雷"平面图是无法推断立面具体数据的。2004 年冬天，北京考古研究所首次开掘了火场遗墟——银安殿及其配殿遗址。位于殿内前部的一排柱础遗址，更标识出"和府"到"恭王府"的一个变迁——由于扩建，原来的柱子被向外移动了。"王府足制"字样的砖、根据回填土色确定的磉墩位置，则解决了复建的许多基本问题，如殿的大小、结构等。

经过考古，可以算出大殿"身体"的数据，但大殿的顶是什么样子呢？有的古建筑专家依据考古发掘，认为柱子位置偏向山墙，由此屋顶应是"硬山顶"样式。郭黛姮则认为，由历史依据看，恭王府为亲王等级的文物建筑，应使用亲王等级的"歇山顶"。她以前曾带着学生测绘过大量古建，发现颐和园的一些歇山顶建筑，因台基小，柱位偏山墙。歇山样式由此确定。

如今的银安殿至少在形制上还原了王府盛时的气象：正殿采用歇山顶、五踩斗拱，绿色琉璃瓦衬托着屋脊上的吻兽；配殿用灰筒瓦，三踩斗拱；耳房为双卷勾连搭，一斗三升斗拱。

其实，恭王府内最早开始修缮的不是正殿，而是多福轩。多福轩位于恭王府东路，曾是和孝公主的居所、恭亲王的会客厅。1860 年，英法联军攻入北京，恭亲王奕䜣就在此处与英法代表谈判，多福轩见证了《北京条约》的签订始末。因其特殊的历史价值，联合国教科文组织曾为其修复拨款 5 万美元，恭王府管理中心 2003 年 10 月委托北京建筑工程学院进行设计。

此处为何叫“多福轩”呢？孔祥星说，当时有人提出，“因为满屋贴满了福字”，甚至找专家论证福字怎么贴。一开始的设计延续了当时一门四窗的格局，但有一个疑点：中间开间两扇大门旁边两个窗户用的木材与别的地方不一样，质地、做工都比其他地方差很多。“难道是恭亲王时期的豆腐渣工程？”想想不对，“王府里明面儿上的工程，怎么可能？”

孔祥星想，这里后来用作辅仁大学的图书馆，是公共场所，应该有照片留下。去对面辅仁大学查找，果然找到一张当年的图书馆内景图，又对照1937年的实测图发现，有两个开间原来是门，后来是艺术研究院改建录音室时为采光需要改的。而“多福轩”里根本就不是贴满了福字，而是挂着多幅“福寿”大匾。这恰与溥仪的七叔载涛在《清末贵族生活》一文中提及的景象吻合：“进二门后，中为穿堂客厅，所谓穿堂者，正中有绿油屏门四扇，无事不开……横楣上方，例挂御笔匾额及福、寿字……”

更多谜题

清代以东为上，西路的建筑是恭王府中最僻静的地方，也隐藏着主人最隐秘的心思。王世仁对此有透彻分析：“值得注意的是，和珅居住的西路，表面上看是休闲居住的宅院，有抄手游廊、垂花门、什锦灯窗、竹木花卉等。但正厅为七间，台基高二尺八寸（约87.5厘米），与东路公主前厅（多福轩）相同；同时，明间的面阔与柱高和中路大殿一致。厅前设月台，用石雕须弥座，柱顶用石雕鼓座，厅内仿宁寿宫乐寿堂设‘周制’仙楼。而且西路房屋，包括厢房、围房，都用雕花屋脊，豪华程度远远超过东路。”他认为，由此可以看出，和珅建府时，在典章与富足之间选择的心态。

和绅的罪状中也写得清楚，第十三条称：“昨将和珅家产查抄，所盖楠木房屋，僭侈逾制，其多宝阁及隔段式样，皆仿照宁寿宫制度。其园寓点缀，竟与圆明园蓬岛、瑶台无异，不知是何肺肠！”

这座“楠木房屋”指的就是西路的锡晋斋。史载，锡晋斋内部构件均为金丝楠木，金砖墁地，外看为一层，但实为两层，精巧异常。陈彤认为，这是恭王府里最有价值的房子。2004年10月，陈彤第一次来到恭王府，就被这里吸引住了。当时，锡晋斋被改建成会客室，会议桌、沙发椅、吊灯，一派现代风格。但透过落满灰尘的窗户，嵌紫檀雕花隔扇虽有残损，仍不掩其精致。

“莲花瓣状的柱础，与故宫内乾隆晚年居住的‘倦勤斋’一模一样。地面的花斑石，只有宁寿宫才有。平面形制上，锡晋斋也很特别，五开间楠木殿，有歇山顶的抱厦，比颐和园七开间的乐寿堂还要复杂。而它二层仙楼的复廊也比乐寿堂的单廊精巧。这对于它的主人和珅而言，都是‘逾制’的。”陈彤说，说这座房子的蓝图是宁寿宫，并没有冤枉和珅。

根据仅有的历史照片与现状比对，锡晋斋恢复了原有的大致格局。“把后来建的两座楼梯拆掉，重新按原来的照片恢复了西边的单跑楼梯。但东部的“L”形楼梯没有恢复，因为它要跟整体装修结合，这个楼梯原是环绕宝床的，四周还有花罩，现在其他装饰没有了，一个楼梯很突兀。”

与锡晋斋相比，水法楼的谜题更多。水法楼位于160余米长的二层后罩楼西侧，《华裔学志》中，将其形容为“小迷宫”：“假山上有缸，缸内有水，水流下来，有池子盛之。”陈彤描述，水法楼两层之间抽去隔板，倚靠着一面墙的假山与墙上图画浑然一体，实景入画，画如实景。从假山的“山径”走上去，可以由一楼直到二楼。假山上水缸的水涓涓流淌，在“山下”汇成池，池中还有游鱼。陈彤说，这是国内唯一的室内水法园林实例，可惜毁于辅仁大学入驻后，一切只能依据零星文字去想象。

“如果要做，我认为要做成‘可识别可逆’的，将来有人发现水法楼的更多资料，还能将我们修的东西拆了重来。”郭黛姮认为，在目前水法楼室内依据不足时，宁可不做。

最让陈彤兴奋的是，重修恭王府让他有机会到古建筑顶子里去看，看到很多以前看不到的东西，那些还没被抹去的隐秘细节。“就像身处案发现场，给一个人做解剖，论证一个千古谜案”。

他觉得，古建筑有两种意义上的损毁，一是物理上的，梁架腐朽，房屋坍塌；二是文化意义上的，往往是更重要也是易被忽视的、大量细节的流失。古典建筑为何好看？正是因为充满了细节，是无数能工巧匠，点滴时间堆积而成的手工艺品。

“细节或许只是装饰性的东西，与古建筑安全无关，但包含信息量最大，也最容易流失。比如彩画，就是‘管窥全豹，可见一斑’，反映了王府规制。”陈彤说，这次大修在彩画泰斗王仲杰的主持下，对104个房间全部重绘，如此大规模的群体性彩绘，也是新中国成立以来第一次。吴杰也认为，复建的好坏，彩绘占60%，甚至比古建筑还重要。

恭王府里外檐彩画基本全部被苏式彩画所覆盖，看上去焕然一新，可是没有价值。“比如七八十年代绘制的《红楼梦》彩画，花花绿绿，但从文物保护角度，这是具有欺骗性的”。所幸有些内檐彩画还在，陈彤他们仿内檐彩画翻至外檐重绘。这是典型的手工艺，很多内檐彩画看不清楚，要根据造型、规制重新推敲，再根据外檐结构延伸而来，做成严格的1：1平面图再绘。

郭黛姮说，修复中尽量保留了各个时期的历史信息，最晚留至辅仁大学。但对于另外一些时期的信息也做了适量保留，比如“文化大革命”时期的大标语“大兴三八作风”等。“当时的人也很疯狂，红色墨迹很难弄下来，除非覆盖掉。”

宅院里原有很多王府忌讳的树种：柏树——阴宅的树，梨树——离别的树，桑树——与丧事相联，但为了保留部分历史，仍留存了一些辅仁大学时期的树木。吴杰说，恭王府里现存最老的树就在锡晋斋院内，是两棵看上去并不起眼的西府海棠，据说当日辅仁大学校长陈垣常在树下设宴，邀友人吟诗作画。

有历史的谜题待解，也有现实的困难。“本来申请了2.69亿资金，只给了1.6亿，恭王府又自筹4000万，这次大修一共花费了2亿。”吴杰的每一笔账目都算得清楚，恭王府大部分房间的室内装修没做，文物回收更少。

在郭黛姮主持的第一版规划中，在银安殿地下设计了一个考古博物馆：玻璃地面下，考古发掘的旧砖瓦清晰可见；也为文物保存和研究提供了必需的现代化空间。但因种种原因没有实现。原设计中的地下停车场也因资金问题而搁浅。陈彤说：“某种意义上说，恭王府目前只修了一个壳。”

外滩：重回“公共客厅”

给上海拍照片，第一张永远是外滩——背景是万国建筑博览会，或者是对岸浦东的傲人天际线。它百余年来成为上海“公共客厅”的历程，就像一出耐人寻味的城市戏剧。

开拓外滩公共空间的努力始于一场维护黄浦江航道的大辩论。同济大学建筑学院钱宗灏教授研究了外滩的历史变迁：19世纪50年代，外滩沿线土地几乎全被英美央行永租了，这些商业大王们出于各自利益设置了众多私家码头，长长的栈桥伸向黄浦江

“世博”拆迁中的老厂房

中，严重阻塞了黄浦江航道。终于在19世纪60年代后期，引发了一场大辩论，最后达成共识，禁止各商行在这一轮新月形的外滩沿岸设立私家码头。

正是那场讨论，为外滩留下了作为公共空间的宝贵绿地。1868年，外滩辟建了外滩公园，在华人抗议公园歧视的巨大压力下，工部局不得不逐步放宽对华人的游园限制，直至1928年实行中外人士全部购票入内的规则。与之相对应的是金陵东路以南的“法外滩”，一直被各轮船公司所占据，始终没能成为中外人士自由出入欣赏江景的公共空间，因此也一直没有成为社会公共意识中的“外滩”。

公共空间形成的同时，一系列公共设施也有了发展。1837年8月，拆除了过河要收费的威尔斯桥，在东侧另造了一座新的“公园桥”，因为免费，上海人称为“白渡桥”。外滩南端的英法租界交界处，徐家汇天文台建造了信号台，以向这一公认的社会公共空间发布各类观测所得的气象信息。

外滩在形成之初就具有国际化社会公共空间的重要内涵。上海的第一盏煤气灯、第一盏电灯、第一条有轨电车，都是从这里开始的。近代意义上的第一家医院、第一份报纸、第一家俱乐部、图书馆、博物馆，也都诞生在外滩。

1908年，新天安堂的英国住堂牧师在他所著的畅销书《上海导览》中建议，来上海的游客应该到江岸上去看风景，因为“那里是外滩最重要的观景点，能看到繁忙的江面上从世界各地来的船只和国旗，感受到一个伟大港口都会的特殊气氛”。这时期的外滩是公共休闲的中心场所。曾担任过两届工部局总董的李德禄十分喜欢在傍晚走出办公室，来到江畔一边吸着雪茄一边招呼朋友，交换新闻和商情。据说他连外滩的报童都认识，人们都叫他“Uncle Bob”。而每年夏秋季节的周末，工部局管弦乐队总要在外滩公园音乐厅前举行露天音乐晚会。

到了20世纪二三十年代，上海迎来它的第一个黄金年代，外滩的码头、商业功能增强，公共性减弱。

新中国成立后，凡是“五一”“十一”等节日，上海集会游行的队伍无一不集中在金陵东路以北到市政府大厦以及外滩公园一线，外滩重拾公共空间的地位。

20世纪70年代，堤岸上最著名的，是成百上千面对江水伫立的恋人组成的“情人墙”。作家陈丹燕形容，无论风和日丽或阴雨连绵，他们双双对对、密密相连的背影，“像一堵加高的防汛墙”。《纽约时报》的记者也曾记录他眼中的情形：“沿黄浦江西岸的外滩千米长堤，集中了1万对上海情侣。他们优雅地倚堤耳语，一对与另一对之间只差1厘米距离，但绝不会串调。”

20世纪90年代初城市化大发展，外滩进行了第一次大改造。防汛标准由“百年一遇”提高到“千年一遇”，防汛墙继续加高，同时修建了外滩平台，界定了城市空间。为弥补加高防汛墙的财政不足，外滩大楼“筑巢引凤”置换工程开始，外滩历史建筑群变脸为时尚高地。这一时期，为应对交通问题，外滩将车道数由4车道增加至10车道，衔接延安路高架修了“亚洲第一弯”，行人只能从地下通道通过，彻底将滨江区域和历史建筑群割裂。

直到2008年决定拆除“亚洲第一弯”，重新回归外滩的公共性，剧情大反转。

车的外滩还是人的外滩？

伍江还记得20世纪80年代看过的一部立体电影，有个场景是一个归国华侨开车逛外滩，“路上几乎没什么人，他慢悠悠地边开车边看景，还不时把车停在路边去拍照”。

“那时候，外滩沿线马路只有4车道，车很少，防汛墙也没这么高。而现在呢？已扩充到10车道，防汛墙不断加高，人的空间被车挤占了。”伍江时任上海规划局副局长，负责2008年的外滩改造，他说：“改造后的外滩会回到原来4车道的景象，为人提供更舒适的公共空间”。

“亚洲第一弯”拆除后，外滩建起了地下交通通道。出租车司机张师傅颇有些不舍，他说，原来他带外地乘客从延安东路高架开过来的时候，都让乘客先把眼睛闭上，“车子忽然一个左转，视野豁然开朗——左边是金色的外滩万国建筑博览群，右边是东方明珠、金茂大厦以及亮晶晶的陆家嘴中央商务区楼群，在‘亚洲第一弯’上尽收眼底”。

“亚洲第一弯”的拆除只是CBD核心区交通系统工程的一小部分。这一系统工程要打造“井”字形通道。骨架是4条全封闭或半封闭通道：东西通道、南北通道、外滩通道、北横通道，还有两条联系核心区交通的越江通道。“‘井’字形通道方案就是要分离核心区内大量过境交通，构建一体化交通，以改善交通和环境品质。考虑到核心区位于城市中心，是著名的城市风貌保护区，不宜在地面或地上进行大规模道路扩建，通道将主要利用地下空间来布置。比如在外滩，就将建成一条全长3300米、6车道的地下通道。”

“目前外滩地面道路承担了南北高架以东地区过苏州河的交通量的一半，其中70%～80%都是过境车流，真正在这里到发的只占20%～30%。大容量交通通道会将过境车流引入地下，地上只是到发的旅游车或公交车。”伍江说。

除了最佳观景点，“亚洲第一弯”还是这10年外滩变迁的见证者。据当年的设计者、上海城市建设设计研究院总工邵理中回忆，1991年起，延安路高架东段工程的方案研究就开始了，如何经过外滩成了其中的难点，“这里不仅要考虑高架的形式、结构、断面布置，还要考虑交通需求，同时不影响外滩建筑群的观赏，保持外滩风貌”。最终确定了从延安路高架主线左转入中山东一路划出“一弯”、在广东路之前落地的方案。

自1997年底建成使用开始，这一弯成了上海的新风景线，这也是设计之初未曾预料的。邵理中说：“之所以这条匝道现在看来有点特别，是因为它先在延安东路方向上向上高起，然后向下马上就是一个大角度的左转弯，接着就到达地面，而在转弯的过程中，匝道向左侧有一定的倾斜度以克服离心力。左转弯匝道角度达到了70度，转弯半径只有90米。”

“亚洲第一弯”所在的延安路高架是上海市区“申”字形高

架道路网的“中间一横”，这一高架路网于20世纪90年代搭建形成，那也是上海车辆数突飞猛进的年代。

因为一江（黄浦江）一河（苏州河）的割裂，上海交通一直存在几个瓶颈：浦东到浦西，苏州河南到河北。很长一段时间，中心区和沪东工业区要靠外白渡桥一线相通，使得外白渡桥一带成了城市交通的“蜂腰”。当时上海的10多条有轨电车线路，90%都是以外滩地区为起点或终点的，这里是交通负荷最大的路段。

伍江回忆，20世纪90年代初，一到夏天苏州河水就漫上河滩，以致岸边的两堵墙越砌越高，后来干脆在河口做了水闸，上面是可通行6车道的吴淞路闸桥，大大缓解了河北到河南的交通压力。繁忙的外白渡桥一度解放为景观桥，以至于很多人赶在它被拆除修护之前去寻找赵薇在电视剧《情深深雨濛濛》中跳下的地方。但随之而来的隐患是，因为外滩在苏州河以北就断了，所以外滩整个变成了交通要道。当时选择的解决方案是拓宽外滩——从60米改为100米，4车道改为10车道。

但是到了2008年，车从外滩向苏州河方向行驶，一下子从10车道并入6车道——吴淞路闸桥又形成了瓶颈。随着交通量的迅猛增加，外滩地区随20世纪90年代道路扩容所带来的缓解又消失了。“是水多了加面，面多了加水，还是寻找其他途径？”伍江意识到，交通要视作一个整体研究，他们在2005年确定了这次的核心区“井”字形交通系统方案。

这样做的代价就是要拆除包括“亚洲第一弯”在内的刚建成10年左右的匝道和高架桥，改走地下，整个系统改造要耗费几十亿元。上海城市规划设计院前副总工程师徐道舫提到，1989年世界银行贷款项目中，有一项南北交通走廊的研究，外方专家建议，四平路、吴淞路、中山南路可建高架，外滩一段采用地下隧道。而在当时因财力所限未能实施，现在又绕了一个圈重新回来。

很多人将外滩上演的这出城市戏剧比作美国波士顿大开挖工程（The Big Dig）的中国翻版。波士顿大开挖堪称美国有史以来规模最大、技术难度最高、环境挑战最强的基础设施项目，它从1991年持续到2007年，用了16年，耗资146亿美元，把1959年在波士顿滨海地区建成的13公里长的高架中央干道彻底拆除，将过境交通引入地下隧道，修复地面城市肌理。

当初人们在波士顿修建中央干道，是希望缓解汽车入城的拥堵，滨海地区因海运衰退而萧条，那里就成为高速路穿行的地带。“在一场反对街道的圣战中，它们将行人向上布置在高架高速公路，向下布置在地下中央大厅，或布置在密闭的中厅与走廊内。它们将行人布置在任何地方，却唯独不将他们布置在街道上。”规划学者威廉·怀特对美国城市“空洞无物”的市中心发表激烈的批评，这样的市中心正是迎合汽车需要的结果。但这种迎合适得其反，高速路引来更多的交通，导致更大的拥堵。它如一堵墙嵌在波士顿的心脏里，将城市与海滨隔绝，有着300多年建城史的波士顿失去了滨海城市的风韵。

犹如20世纪90年代的外滩，90年代的波士顿大开挖工程是美国城市改造运动的缩影。这个当年由联邦政府发起的运动意在推动对美国老城市的大规模改造。高架路、立交桥纵横于城市之中，美国著名城市理论家、社会哲学家刘易斯·芒福德无奈地讥笑苜蓿花（形容有四个匝道的立交桥）堪称美国的国花。反思过后，历时十几年的大开挖计划使波士顿向老都市回归——以人为尺度，保持较高的城市密度，道路密而不宽，发展公共交通，让步行者享受城市。

外滩滨水空间的主要设计方美国CKS公司也是波士顿大开挖工程的主要规划机构。主规划师赵亮说："这说明城市的发展道路是一致的，最终是人的城市。在工业化时代，滨水空间更多与交通、货运、港口相联系，而到了后工业时代，对汽车的认识转变了，水边也大多变成公共活动空间，还给步行者。"

"上海交通系统改造和波士顿大开挖，出发点和价值取向是一致的，从偏重市政转变为偏重人。而上海所做的规模更大，用时更短。"伍江说。上海市规划局景观处副处长王林甚至设想，说不定若干年后的上海也会成为现在的波士顿，把高架桥系统全部拆除。

公共空间的失落与找寻

"节假日是外滩的灾难，会有很多警察站在地下通道入口处把守，限制人流量。最极端的是3个长假：春节、'五一''十一'，干脆对机动车实行戒严，街面全部改为步行，平台不能上人，但还是不够，外滩人山人海。而其他的日子，外滩又完全变成车的海洋。”伍江说，大容量的车流割裂了原本连成一体的外滩风貌，也让这里公共空间的性质衰落了。

从浦西的街道走向外滩，豁然开朗的感觉瞬间就被车流的嘈杂所覆盖。如果要去江边，行人必须穿越地下通道。梅雨季节，南京东路通道里的瓷砖地面滑腻腻的，人群没了心情去看四壁荷兰银行赞助的凡•高画展，只想小心翼翼地从人群的夹缝中穿出来。来到第一层地面，一面是防汛墙，一面是隔离汽车的绿化，人像站在一个封闭的屋子里。这层的人并不多，多的是售卖胶卷、玩具、小吃的凌乱铺面，却很难找到一间公共卫生间。从台阶上到防汛墙平台，是人群观光、拍照最集中的地方，而对面的历史建筑被绿化遮挡住，看不完整。

上海城市规划院规划处的奚东帆对此也深有体会。他负责滨水空间的设计深化，前期做现状调研时经常需要拍万国建筑群的专业照片，“站在高高的防汛墙平台上是无法拍到完整建筑的，我只有站在机动车道边，把相机放在那里摆好角度，好不容易等到没车的间隙，赶紧按下快门”。

“能否借助这次交通改造，将滨江公共空间还给市民？”在延安路高架拆除的这一年里，伍江他们进行了外滩滨水空间设计的国际招标，最终方案是在哈佛大学教授阿里克思•奎戈领衔的CKS公司和德国GMP公司两方案基础上完成的。

CKS改建“亚洲第一弯”设计方案的灵感来自一张老上海的照片，从这张照片可以看出，城区与黄浦江的连接非常紧密。CKS外滩改造方案主规划师赵亮说，外滩沿线的建筑代表着20世纪上半叶中国乃至世界建筑的最高质量，这些建筑不仅经过周密的规划，还具有多样性和丰富的细节，这些建筑和它们之间的空间为外滩的天际线带来了音乐般的节奏感和韵律感。可惜，目前这种城市肌理与黄浦江滨之间被道路和消极绿化隔离开来，上海城市腹地的活力到这里戛然而止。CKS的设计核心就是重建城市和滨水地区的联系。“目前这种联系在两个方向被割裂了，一是水平向度，道路过宽，行人过马路只能通过3个地下通道;二是垂直向度，防汛墙与街道的高差达3米。我们旨在弥合这两向障碍。”

作为参加“波士顿大开挖”的主要规划机构，CKS提出了3种主要的联系方式。一是在中山东路街道和滨江步行道之间架设一系列“手指状”步行天桥，从城市中来的人群一过中山东路，一系列台阶和天桥就将他们迅速带到滨江步行道的高度。在这里，浦东的天际线已经先行呈现在眼前，黄浦江也似乎近在咫尺。反之，滨江步行经验也拓展到中山东路边上。在南京路周围通过外滩空箱和新设计的桥制造出一系列三面围合的庭院，桥下设置商业零售空间。

城市和水滨的另一种联系是从中山东路人行道到滨江步行道之间的一系列缓坡。绿色系统由朝不同方向折叠的草坡组成，坡上种植各种植物，在这里可以野餐和休息。在折叠的地表面上的草坪与花园形成沿江的带状公园，上面的小路和成排的树木联系中山东路和江滨，人们可以通过不同的小径到达滨江步行道。

外滩最重要并最具有代表性的建筑位于南京路和福州路之间，因此，CKS在地段中心地区设计了一段环境宜人的林荫道，折叠草坡有时形成面对外滩老建筑的开口，提供了自然的商业空间。折叠地面有时从滨江步行道上缓缓升起，人们可以走到屋顶上近距离欣赏外滩的老建筑，也可以坐在缓坡上欣赏浦东的天际线。

但是CKS的某些想法在深化过程中被认为有些理想化。“最大的问题是人流量，国外设计机构无论如何也难以想象，外滩人流量多到什么地步。与现在的外滩管理部门浦江办讨论后更让我们体会到，安全是第一位的。”王林说，“比如GMP方案提出‘滨水区是历史建筑的配角’，以由西向东缓缓上升至防汛墙的大台阶为特色，非常简洁大气，我们也非常喜欢。这一思路在CKS方案中也以平台方式提到。但问题是，延伸至水面的大台阶，这么多人上来，一不小心就会翻下去。而一级级覆土上去，地下管线系统也难以承载。所以后来我们就转了90度，改成南北向的缓坡，坡的斜度只有3%，人在上面行走几乎感觉不到。”

“人在外滩玩什么呢？主要是‘看东西’，我们就要借助平台设计为人提供更好的观景点。”伍江说，“‘看西’，一是近看，到中山东一路的建筑面前看，我们会将这一面的人行道由现在的8米扩宽到20米；二是远看，到马路对面看，我们会在这侧建起1米多高的观景平台，特别是一些重要节点处，比如南京路、福州路口以及海关、汇丰、和平饭店等重要建筑对面。‘看东’，看浦东，设计将现在的堤岸平台放宽。3个高度之间用大坡道联系。”

对于CKS方案中增加的林荫道和商业空间，伍江认为这是以步行空间的牺牲为代价的。商业需求可以在对面的南京路、福州路满足，滨江一侧只需要设置些流动性的旅游服务设施，“可以集中做一些硬地树，树冠在上方，下方有人活动”。

赵亮他们还在外滩南端设计了一座观景塔，可以在这个特殊的位置俯瞰黄浦江两岸。他认为，外滩是上海的一部分，也是黄浦江的一部分，应当在南北两个方向和苏州河北面的黄浦江沿岸、南面的十六铺以及老城厢紧密联系。观景塔不但与北面的人民英雄纪念碑遥相呼应，还将外滩和豫园老城厢在视觉上联系起来，“从老城厢朝着塔走就能到外滩，只要几分钟”。王林的迟疑仍是出于对人流量的考虑，“要是很多人都想上，几百人排队，岂不是又形成一个问题景观？”

外滩最动人的地方是黄浦江，但由于防洪空箱的存在以及水质还不够理想，妨碍了人们进一步接近水面。CKS设计了一座浮岛公园，公园之上设置室内外的游泳池、人工沙滩、餐馆。“就像在黄浦江上游泳一样，也可以在公园的岸边自在地享受日光浴。”赵亮说。但这一设想因为航道、防汛、岸线关系等现实问题，暂时无法实现。

“在如此大人流量的前提下，‘亲水’不是指摸到水，而是看到水。”王林说。这一问题的最终解决或许要等到防汛墙的彻底降低，比如像鹿特丹或威尼斯一样建挡潮大坝。

外滩公园和大楼：不完整的公共性

“外滩现在哪里有公共空间？堤岸、外滩公园，或者对面的外滩某号？”陈丹燕说，这些都是不完整的。

位于外滩沿线北端的外滩公园是那么小，如果不仔细找，很容易就忽略了，很难想象当时为了它的归属竟然引发了长达40年的争论。公园入口处标识着“上海市爱国主义教育基地”，让人联系起那段历史。1881年，外滩公园已经建成13年，租界里的“上等华人”被禁止入内，自此引发持续性抗议。上海社科院副院长熊月之分析，部分是因为外滩公园一开始宣示的名字“公共花园”，既然是“公共”的，是工部局修建的，它就应该属于整个租界的居民共有，因为所有的居民都纳了税。20世纪初，民族主义在上海开始高涨，一个导火索就是外滩公园“华人与狗不得入内”的告示牌。据工部局最早的相关文件，告示牌原文是“脚踏车及犬不准入内”，第5条说“除西人之佣仆外，华人一概不准入内”。熊月之说，上海外滩公园引起的另一种“内省型反应”，较少为人所知。当年洋人限制华人很重要的一条理由，就是华人不守公德、摘花践草。而1928年6月1日，在中国民族主义的汹涌浪潮中，工部局宣布：外滩公园对所有中国人开放，成为外滩华洋共处的“公共花园”。

陈丹燕认为，外滩公园是对于公共空间讨论的开端。公共空间除空间意义外，也包含公民意识的含义，在此之前，讨论都在外国人中间进行，这是第一次有中国公民加入。

如今，外滩公园更像是一个中国到处可见的普通公园，甚至更萧条些。走累的老人在几张座椅上乘凉，但更多人是为了穿越它到人民英雄纪念塔去。这个大得与小公园不太相称的纪念塔，因为像三支靠在一起的来福枪，上海人习惯叫它“三枪”，在塔的平台上可以把浦东的景象看得更清楚些。CKS在这次设计中，提出把外滩公园的围墙拆掉，向北外滩方向扩大，成为一个真正意义上的公共花园。

穿越地下通道到达对面恢宏的建筑群，完全是另一个世界。那些大楼内部是银行、政府机构，但已经陆续被置换成了高端消费场所。

与上一轮外滩改造时间相吻合，这些大楼的改造也是从20世纪80年代末开始的。陈丹燕说，1986年，为迎接伊丽莎白二世来访，上海外滩大楼外墙进行清洗。紧接着，外滩成功申报为国家重点文物保护单位，成立外滩建筑灯光办公室，从1989年到1991年，从重大节日亮灯，改为每周末都亮灯，又改为每天夜晚亮灯。1993年，外滩改造工程完成，改造后的外滩是原来面积的5倍。1994年，外滩大楼“筑巢引凤”置换工程开始，市政府要求占据外滩大楼的市政各部门搬离原来的大楼，将它们腾空，给有意进驻外滩的商业机构。市政府首先搬离外滩大楼，但原来的主人汇丰银行因无法承受赎回原大楼的费用，放弃了将上海分行迁回外滩的机会。1996年，20世纪40年代在上海创办的美国友邦保险顺利迁回原址，而且并吞了原来的房主《字林西报》，成为整栋大楼的主人，字林西报大楼易名为友邦大楼。同年，有利大厦被置换到了新加坡公司手中，它就是日后的“外滩3号”。

“外滩3号”的创造者李景汉在1996年经过东山中一路时，看到那些堂皇的楼宇周围，到处是兑换黑市外汇的人，或者内衣店、小吃铺。“那个小吃铺，与上海弄堂口家常的小吃铺一样，很小，做包子、蒸包子、吃包子，都在一间里，也没有门，整个店堂都敞向人行道。热包子揭笼的时候，一股股带着小麦香的热气充满整个店堂，飘了半条人行道。”这一景象与陈丹燕的记忆重合了，当时她在电台工作，也经常到这里买包子吃。

“外滩竟是如此地不体面！”李景汉看到的每一处，都是这块20世纪40年代辉煌一时的地皮的凋敝。上海的建筑师们直接称这些大楼为“租界时期的木乃伊”。这里总是阴森森的，连政府都不愿意待，因为建筑保护和地下管线的关系，办公条件也无法改变。但当时的外滩改造要做防汛工程，将防汛从“百年一遇”提高到“千年一遇”，政府财力不够，转而寻求外滩大楼的置换。本意是要将这里重新打造成金融中心，而市场选择了另一个方向。

“花这么多钱买下大楼，有这样的傻瓜吗？”那时候伍江也不相信。没想到傻瓜不但有，还赚到了更多的钱。

李景汉买下了有利大厦，扔掉它的旧名字，直接称呼它“外滩3号”，同样不容置疑地将它沉寂的内部变为奢侈品专卖店、画廊、高档餐吧。他如今被称为“外滩荣耀的复兴者”，这一称号并不为过。3号之后，外滩又启动了18号、6号……至今仍在继续。

“从远处看，外滩夜色比它的白天更好看，也许也更接近它的本质，它此刻更像一个物质主义的幻梦。此刻，全上海都已承认，外滩是上海的名片。”陈丹燕认为外滩大楼一直没有摆脱其物质主义本性，这一轮又回到了它带有炫耀和暴发特点的商业性坚持中。

穿越彬彬有礼的门童和明晃晃的枝形吊灯，进入这样的大楼是需要勇气的。顶层的露天咖啡吧是“3号”最“平民化”的地方，依旧插着那面红旗，可以远眺外滩堤岸和黄浦江，只是，从这边到那边，隔着多么远的心理距离啊。

外滩大楼的新样本？

无论如何，李景汉为外滩打开了一个公共空间，让人可以走到大楼里去。陈丹燕说，他其实一直在号召大众“走进来”，里面的大多数画廊也是免费参观的，只不过这里看上去太堂皇、太高端，给普通消费者一个根深蒂固的封闭印象。

长期从事城市文化研究的复旦大学哲学系教授李天纲认为，外滩如果说有公共空间，也是商业性的，不是完整意义上的。应该在外滩营造更多的广场、博物馆、美术馆等服务型的观光中心，这里也是上海最有可能也最应该回归近代公共空间的地方。因为20世纪二三十年代的上海黄金时代，外滩形成的这片近代建筑群无论在形态和规模上都是那个时期世界上最好的。从这个角度讲，还没有被置换的外滩大楼也可以换一换内容。

“关键是愿不愿意还空间于民。卖给商人当然可以回收更多的钱，但牺牲的是公共利益。”李天纲说。之前，九江路上的黄浦区政府礼堂搬走，原址归还给了圣三一教堂，回归了公共性。而更重要的一个案例是，汇丰银行背后的原工部局大楼要改造为上海历史博物馆。他曾在这几年反复游说上海市文物管理委员会，将正在寻找新址的历史博物馆搬到这里来。

上海历史博物馆居无定所是历史难题。最近的一次变动是2002年虹桥路场馆租借期满，博物馆被迫关闭，至今大量馆藏品分散在4处。世博会召开前夕，上海历史博物馆的选址显得更加迫切。它的一个选择是在徐汇龙华地区建新楼，那里早在1954年就是其规划用地，不利之处在于，新建筑本身缺少文化内涵，且建筑设计要求高，投入资金多，建设周期长，地理位置较偏。

搬到原工部局大楼的建议最早是由同济大学建筑学院钱宗灏教授提出的。2003年他提议，既然原工部局里的几家政府机构酝酿迁出，恰是一个绝好的历史博物馆的馆址。“上海没有像卢浮宫那样的宫殿式建筑，而工部局大楼围合了江西路、福州路、汉口路和河南路4条马路之间的整个街区，是一幢中间式布局的宏伟建筑，正适合做博物馆。”

钱宗灏认为，原公共租界工部局被公认为是建筑用途和建筑风格统一得最好的建筑群和上海最优秀的近代建筑，外观综合了罗马古典主义风格、英国巴洛克风格和仿文艺复兴时期风格。这栋楼本身也承载了上海历史，自1854年，工部局在实质上担任了租界市政府的角色。1945年抗战胜利后，这里成为国民党市政府大楼。上海解放后，陈毅市长在这里升起国旗，题写“上海人民按自己的意志建设人民的上海”，用作上海市人民政府大楼。

如今，工部局楼内主要由民政局、园林局、环保局、劳动局、规划局、卫生局等单位使用，游客是不能进入参观的。如果改造为历史博物馆，还要面临居民搬迁、建筑改建的问题。钱宗灏说，严格意义上讲，工部局大楼不算是外滩沿线大楼，但它的再利用可以为未来的外滩大楼置换提供借鉴。

“目前的商业性置换从本质上讲仍是对外滩历史文化的榨取，榨取它的最后一点剩余价值。”钱宗灏相信，“外滩最终也可以建立某种国家信托基金委员会，定期对老建筑进行维修、保养，就像在苏格兰一些古堡中所做的那样。不作为商业经营，只用作旅游和文化交流。”

石库门的身份重建

“这一片房子原来都是我们家的。”站在自家旧宅的三层晒台上俯瞰，王庭栋在那一刻恍若这片老式石库门的主人，像80多年前他的祖父一样。

被四周的高楼包裹其中，这一小片残存的坡屋顶大小样式不拘一格，仍呈现石库门里弄特有的鱼骨状序列，连绵起伏，可以想象当日铺陈开来的景象。如王安忆所描述的：“站在一个至高点看上海，上海的弄堂是壮观的景象。它是这城市背景一样的东西。街道和楼房凸现在它之上，是一些点和线，而它则是中国画中称为‘皴’的那种笔触，是将空白填满的……它是有体积的，而点和线却是浮在上面的，是为划分这个体积而存在的，是文章里标点一类的东西，断行断句的。”

这栋房子位于济南路185弄景安里18号，王庭栋生于斯长于斯，已经70年了。站在这里，明显可以看到18号的不同，宽度几乎是对面3栋房子的总和。王庭栋手一挥：“景安里18号到24号都是我祖父造的，占整个景安里的半壁江山，另一半属于来自绍兴的‘梅干菜大王’高家所有。18号自家住，几乎是其他房子的3倍大。”

屋顶的风扇不停歇地摇着，几乎占整面墙的落地长窗下，曾经的“上客堂”宽敞明亮，红木桌椅、钢琴、关公造像，可以想象早期独院式居住的石库门生活的模样。发丝梳得根根分明的王庭栋神色骄傲地端坐在祖上的家业中。

王庭栋并没有见过祖父，他1939年出生时，祖父王智荣已经过世3年了。他听父亲说，祖父11岁就去当船工，后来不堪其苦从宁波逃到上海，从小工匠一点一滴做起，开了营造厂。“这营造厂应该有相当规模，建了很多工程，包括为当时的上海第二大商人刘鸿生建了招商码头。”王智荣最大的成就不是这些工程，而是终于在52岁得了个独养儿子，就是王庭栋的父亲。为了这个儿子，王智荣决定买下位于法租界的济南路地块，为自己家建房，其后又在附近和宁波同乡合资建了光裕里。“祖父在宁波乡下同时买下100亩地，建的房子和上海一式一样，那是留给女儿们的，上海的房子都给儿孙”。

王庭栋记得，“文革”前老房子门楣上还有“1923”字样，那是房子建成的年份。19世纪中叶起，由于太平天国战事的影响，江浙一带的难民大量涌入上海租界，打破了华洋分居的局面，于是房地产商们发展出了“石库门”这一既节省地皮，又具有多种居住功能的新建筑类型。而20世纪二三十年代，是石库门建造最火热的时期。当年在上海地产业最有影响的英国商人史密斯说：“我的职务是在最短期内致富，把土地租给中国人，或是造房子租给中国人，以取得30%到40%的利润。”王智荣的资本没那么大，投资的想法也更传统些。王庭栋说，年迈的祖父曾对新娶的儿媳说，“生5个孩子，光收房租也够他们用了”。儿媳后来果然生了5个，王庭栋是长孙，但连祖父都没有见到。而王智荣留下的景安里7栋房子，也在新中国成立后“充公”了，后来只归还了自家居住的18号。

这栋老宅的传统痕迹大多已在“破四旧”时消失，包括石库门最具标志性的石质门头纹饰。营造商王智荣不愿假手他人，自己充当了房子的设计师。这栋房子属于老式石库门住宅，三间两厢房。整座住宅前后各有出入口，来客一般走后门，前面的黑漆大门通常是不开的，只在重要客人或谈生意时打开。前立面由天井围墙、厢房山墙组成，正中即为“石库门”，以石料作门框，配以黑漆厚木门扇；后围墙与前围墙大致同高，形成一圈近乎封闭的外立面。细节上也不马虎，用了混凝土外墙，当时的混凝土还是天价。一进门是一个横长的天井，两侧是左右厢房，正对面是长窗落地的客堂间。王庭栋说，楼下的大客堂为会客、宴请之处，原来摆着八仙桌、太师椅，正中是“福禄寿”画像和“存德堂”牌匾。还有间小客堂，为招待乡下亲戚或低身份客人的。两侧为次间，给祖父的自备车夫等佣人居住。

房子后面有通往二层楼的木扶梯，再往后是后天井，其进深仅为前天井的一半，有水井一口。后天井后面为单层斜坡的附屋，作厨房、杂屋和储藏室。二楼的格局与一楼类似，只不过这里的客堂和厢房供家人起居使用，更为私密。二楼的西厢房居住最好，因为窗子朝东，光线更好。一开始这房子是祖父的卧室，但后来父亲结婚后，祖父就搬到了东厢房，把这最好的房间给儿子媳妇住，“因为他着急抱孙子。还为此配了专门服侍母亲的‘房间姨娘’。”与当时一般人家的两层石库门不同，王家的石库门是三层的，三层客房给客人居住。最上层是两间晒台，一半露天，一半有顶可防下雨，后来祖父把内晒台改了娱乐室，打乒乓球。祖父过世后，这间娱乐室成了第一间出租的房子，那还是在抗日战争时期。

同济大学罗小未教授认为，石库门弄堂建筑中这种不中不西、半中半西、又中又西的不纯性，存在于上海近代社会和文化的各个方面和各个层次。正是这样一种特有的中西合璧，形成了上海包括弄堂在内又不止于弄堂的近代建筑最大、最重要的特征。这种中西合璧不仅表现在建筑形态上，更表现在石库门里的居住方式上，既长幼有序，尊卑有别，又不失实用和舒适。

营造商王智荣家里旧石库门的牌楼、黑漆大门、黄铜门环、传统砖雕青瓦门楣以及前后楼和正厢房的尊卑秩序，仍隐含着早期乡村移民的地主式理想。但一些现代设施的缺失，也为生活带来不便。这与来自宁波乡下的王智荣的生活习惯有关。“祖父思想守旧，坐黄包车，住石库门，与坐小汽车、住花园洋房的外公形成鲜明对比。甚至连照片都不让照，现在留下的只有画像。”王庭栋说，祖父也不能接受新式马桶，一直用“坐箱马桶”。直到20世纪80年代才改装。

祖父去世后，王家的排场就没那么大了，王庭栋父母遣散了多余的佣人，把法藏寺下面的商铺卖掉，把景安里其他6栋房子出租，“每季度能收900块银元的房租，每栋房子每月租金大概40块钱到50块钱。”这是一笔大数目，当时的一石米才2块钱。以20多石米的价格租房子，只有极少数人租得起。

一开始石库门里的阶层是很分明的，王家属于大房东，还有一些中产阶级的银行职员、律师、教师构成的二房东，再后来转租给市民阶层的三房客。新中国成立后，一栋房子被分租成五六家，里面的人就更杂了，妈妈不让王庭栋他们出去玩。“家里有家庭教师和奶妈。如果出去和弄堂里其他小孩玩，吵架了，妈妈就打我，‘谁让你出去了’！”

18号的3层，后来也住进了一户人家，后来这房间就要不回来了。“两家的关系一直很僵”。后来他们再不愿把房子出租，现在的房产证上写了他们五兄妹的名字，算是共同财产。兄妹们后来都搬出去住，只有王庭栋还守着老房子。他很期待有人把他家的故事写出来：“我要给在外地的兄妹们看，他们肯定会高兴。”作为长孙，他觉得这是件“光宗耀祖”的事。

变异的市民空间

王家这种保留至今的独院式石库门几乎是孤本了。学者朱大可总结过石库门的发展简史：它的居住模式经历了三个阶段——早期殷富移民的独院式居住、中期的租赁居住和晚期的高密度杂居。

1930年前后，随着新式里弄和花园洋房的大量建设，石库门里弄演变为平民阶层竞逐的对象。在夏衍1937年的剧作《上海屋檐下》中，石库门人家的所谓体面已经名存实亡，虽然他们彼此仍以先生、太太相称，但是“赵太太”（丈夫是小学教员）已没有存钱的奢望，只求不背债就谢天谢地了。石库门里已没有那种家给人足、享受都市生活的气氛，而是每况愈下，无力挽回。

“‘抗战’开始，包括石库门在内，将传统价值观融于现代文明的新思想戛然而止了。”同济大学国家历史文化名城研究中心研究员张雪敏教授说，“各地来的移民将生活习俗在石库门里荟萃了，博采众长，熔于一炉，但还未凝练出一种新民俗，未形成一种信仰。这也是上海石库门与福建土楼、广州开平碉楼的差距。”这种“唯一性”的缺失也让石库门申请非物质文化遗产的过程一波三折，其中一位参与者说：“一开始的申报方向是文化习俗，我们的计划雄心勃勃，要抽样调查1000人，按不同地域的移民来分类。后来发现是不可能的，石库门里五方杂处、三教九流，无法提炼。”后来在一位“申遗”专家的指点下，他们转而申报营造技艺，“石库门的营造脉络已经半脱离传统民居的体系，形成了结合房地产开发、匠帮和营造厂、中西合璧的营造技艺”。

最底层的石库门生活也有着特有的时间序列。上海作家淳子曾这样描述：“老式石库门弄堂的清晨往往是这样开始的：天还未亮，一声粗犷厚实的‘拎出来哦……’把一条弄堂就叫醒了。那种红漆描金的马桶，结婚的时候，是一件很重要的嫁妆。还有一首老电影歌曲，是‘金嗓子’周璇唱的：‘粪车是我们的报晓鸡，多少的声音都随着它起，前门叫卖菜，后门叫卖米’。粪车、马桶，经周璇一唱，谁也不觉得肮脏。”之后，上海人的早餐“四大金刚”摆上了桌子：大饼油条、豆浆、粢饭，泡饭。上班的人走了，弄堂里依然热闹：后门口厨房间特有的烟火气，天井里、小竹椅上读报纸的老人，水龙头上家长里短的中年妇女，收音机里，高一声低一声的评弹或者越剧，路过的人，随便听了一句，哼着，走远了。守夜人出来，石库门才逐渐沉寂下来。

淳子儿时经常去的一条弄堂，是陕西路上的步高里。步高里是旧式石库门里弄住宅，由法商设计并建造于1930年，共有砖木结构三层楼房79幢。步高里最大的特点便是弄口中国式的牌楼，上面有中文“步高里”、法文“CITEBOURGOGNE”以及“1930”字样。1989年，步高里被上海市人民政府公布为上海市文物保护单位。

菜场、米店、酱油店、修鞋摊、坐堂的中医、牙医、宁波裁缝铺……这些店铺将步高里和外部城市空间结合起来，是石库门的公共空间。总弄，对于城市来说是弄内空间，对于弄堂居民来说则是“公共广场”，小孩在这里玩耍，老人在这里聊天。进入更狭窄的支弄，陌生人便处于各家的视觉焦点之中：“你来找几号？几层？姓什么？”这是弄内最安全的公共空间，弄堂内紧密的邻里关系也由此产生。进入石库门，则完全进入了各家的私密空间。

杨启时住在步高里19号，他家厨房里盘着9根煤气管道，9个灯泡，意味着这栋房子里住着9户人家。“步高里一般住四五户人家，我们这房子靠主弄，多两个厢房，住的人也多。”杨启时住2楼30多平方米的一间，“一楼走7级是二楼的亭子间；再走7级是二楼房间；再7级，三楼亭子间；再走13级，是晒台。每一点空间都没浪费。”

“过去，屋顶上是没有‘老虎窗’的；后来人口密集了，有人就开始搭建阁楼，开‘老虎天窗’。有点经济实力的甚至拆顶加层，就是上海人所说的‘假三层’。”

在上海的石库门弄堂里，步高里算是规模较大、质量较好的，一栋栋刚修复出来的红砖房像兵营一样罗列整齐。去年，步高里作为卢湾区试点，刚改造了外墙修缮和卫生间，花费700万元，其中，每户居民出资100元，市文管会奖励资助了100万元，其他都由区政府承担。马桶是改良过的，“排污管借用了废弃的烟囱通道，埋在墙内。地下的化粪池，也不会影响其他管道”。

装了马桶的步高里居民们仍有意见，“装一个马桶要占用1平方米面积啊”。而且因为要走管道，“只有楼下和楼上南北立面房间的居民可以装，楼上中间户没法装”。

改造后的步高里显露出石库门建成之初的精美外观，但内部空间变动不大。政府花钱改造也意味着要将步高里这种在一定历史条件下形成的“72家房客”“螺蛳壳里做道场”的窘迫生活固化下来，在里面住了一辈子的居民们隐约觉得失望。同济大学副校长伍江认为，这种做法仍有局限性。“里面都是已经破坏了的，只是留了外面的壳。这种内部应该被固化下来吗？”

但无论如何，步高里的物质形式没有被直接铲除。“上海在‘十一五’计划中提出，要改造二级旧里400万平方米，好几个区提出要消灭二级旧里。我一听就慌了。‘二级旧里’的提法本身就有问题。这更多是从使用价值角度去划分的，而置其文化价值和历史价值于不顾。”同济大学教授阮仪三说，“大部分石库门已经在20世纪80年代以来的城市改造中消失了。去年世界纪念地基金会（WMF）已经对我们提出警告，并将上海20世纪二三十年代的一大批建筑列为‘世界上一百项最濒危的建筑和文化地点’”。

伍江担心，石库门申请非物质文化遗产会造成假象：“记忆还在，房子无所谓？现在最怕的就是物质消亡。”

石库门改造，渐变式路径？

将王庭栋他家那片石库门弄堂包围其中的，就是新天地和它周边开发的高楼。当年新天地拆迁，拆到他家弄口那条街，停下来了。王庭栋一路看着新天地成为上海最时髦热闹的休闲地，看着周边的楼盘从两万元涨到八九万元，成了浦西最高价，却跟他的石库门生活没什么关系。“新天地没石库门的味道了。”他只是反复说。

“新天地的商业运作成功，映射了现代城市发展中对旧时代的回顾和眷恋，对外国人是猎奇，对中国人是怀旧。”见证了新天地开发过程的阮仪三说，借用石库门的符号也是某种偶然。因为地块内有“一大”会址，这4栋建筑绝对不能动，周围的高度、肌理也有严格限定，客观上也必须留下一片石库门外观。“新天地”也得名于此——“一大”为“天”，房地产为“地”。外观不能动，没讲里面不能动啊，于是内部偷换概念，掏空或改变功能。这种商业模式的开启也冒着极大的风险，“当时一平方米的拆迁改造费是1.3万元，商业回收8000元；周边绿地每方米1.8万元。这部分是亏的。后来这里火了之后，靠周边的房地产开发收回成本，房价翻了3倍”。

“为了一小片新天地，几乎拆光了整个太平桥地区。这种改造的成本太高了。”伍江说。但从另一角度看，新天地的商业成功也使得非专业人士意识到石库门的潜在价值，“无论哪种改造模式，也还要借助商业力量”。

位于泰康路的田子坊更是一个意外。周末时候，这塞满了画廊和商铺的狭小弄堂里人满为患，几乎挤不进去。这里原是法租界和华界的交界处，为了充分利用边角地皮，这里的房子参差不齐，大小不一，现在看来反而类型丰富，曲径通幽。与单纯的居住型石库门不同，这里是典型的弄堂、工厂混杂的城市街坊。曾有上海食品工业机械厂、上海钟塑配件厂等8家工厂在此生产。20世纪90年代企业效益逐年下滑，“弄堂工厂”大面积闲置。

商人吴梅森率先租下了最大的一家——1万多平方米的食品机械厂。当时陈逸飞、尔东强想找工作室，被这弯弯曲曲的弄堂工厂吸引，留了下来。黄永玉将这条本无名气的小弄堂命名为“田子坊”——因“田子方”是历史上有文可查最早的画家的名字，在“田子方”的“方”上加一个“土”，取其谐意，喻义这里是文人、画家、设计师的集聚地。如今，坐在原食品机械厂工作室的吴梅森当仁不让地自称“田子坊总策划”，他只是后悔当初没有多买下一些工厂。他说：“当时我租了20年，租金是每天每平方米8毛。现在我转租出去已经是1块5到2块了。”

从弄堂工厂开始，艺术家们喜欢去弄堂里转，慢慢把店铺蔓延到石库门弄堂里去。“当时是不允许的，都是偷偷进行。”吴梅森说，田子坊的演变是自下而上的过程。政府一开始并不支持搞创意产业，拆迁通告都贴了，竖起了三栋高楼的开发模型。后来名气越来越大，成了卢湾区的名片，就定下不拆了，还给了“居改非”的政策，允许注册公司。“这是上海所有的石库门区域里唯一的一处。”

新疆回沪知青周心良是石库门居民里“第一个吃螃蟹”的人。那是2004年，他当时每月养老金只有300多元，身患肾脏囊肿急需手术，于是不顾拆迁通告，将自家32平方米的房子租给一位服装设计师，月租金3500元，自己拿出其中一部分租下了二楼的空房。周心良尝到了甜头，如今在田子坊咨询公司做房屋租赁，借助多年的邻里关系，把田子坊每栋房子的供求关系摸得一清二楚。

“现在的主要问题是原住民和商铺之间的矛盾。租出房子的贫民翻身，靠房租在外面租了新房，有的还交了按揭买房，喜气洋洋。二、三楼没租出去的政府又不会拆迁，又饱受一楼噪音之害。”周心良说，他们考虑将原来“单户出租”方式改为“整幢出租”，将楼上、楼下、前厅、后堂全部打通，扩大原住房的使用价值。区政府也确定每年要投资1000万元对田子坊进行整体规划，确定要保留商住混居的多元状态，期待对居民进行利益平衡。

“石库门改造应该有多种可能性。比如尚贤坊，正在设计建筑内部构造不动，改造为石库门旅馆，这是不是一种模式呢？”伍江认为，从某种意义上，石库门比四合院更容易市场化。四合院是更为传统的中国民居，占地一般都在上千平方米，现在要么变为大杂院，要么改造为富人居住。而100平方米到200平方米、为中产阶级设计的石库门更容易恢复为原有的一家一户居住格局。“不一定整体开发，应该鼓励一家一户互相买卖，探讨更多局部或渐变式改造的模式。”

02 城市与人

西安城墙与西安人：情感的守护

梁思成曾在20世纪50年代北京城墙拆除关头疾呼："这个城墙由于劳动的创造，它的工程表现出伟大的集体创造与成功的力量。这环绕北京的城墙，主要虽为防御而设，但从艺术的观点看来，它是一件气魄雄伟、精神壮丽的杰作……无论是它壮硕的品质，或是它轩昂的外像，或是那样历尽风雨甘辛，同北京人民共甘苦的象征意味，总都要引起后人复杂的情感。"他甚至给出了具体的改造方案："城墙上面，平均宽度约十米以上，可以砌花池，栽植丁香、蔷薇一类的灌木，或铺些草地，种植草花，再安放些园椅。夏季黄昏，可供数十万人的纳凉游息。秋高气爽的时节，登高远眺，俯视全城，西北苍苍的西山，东南无际的平原，居住于城市的人民可以这样接近大自然，胸襟壮阔。还有城楼角楼等可以辟为文化馆或小型图书馆、博物馆、茶点铺；护城河可引进永定河水，夏天放舟，冬天溜冰。这样的环城立体公园，是世界独一无二的……"

这个"环城立体公园"在西安变成了现实。回望历史，梁思成的学生、曾任西安市规划局局长20年的韩骥感慨，在城墙存废的选择上，有着"遗恨千古"或"万世流芳"两种结局。他认为，相比北京城墙的拆除命运，西安城墙能够幸存，靠的看似是一连串的偶然，但促成这一连串偶然的，是西安人对城墙的深厚情感。

冷兵器时代的最后遗存

“城墙可以防原子弹，咱们的城墙厚，可以挡冲击波。”在20世纪50年代初讨论西安城墙存废问题时，正是这个看似荒诞的理由，阻挡了来势汹汹的拆除。

西安市作家协会副主席商子秦听当时的西安城建局长谈起过这段历史：“一五”期间，西安进入快速的工业扩张期，中西部地区接受苏联援助的35个军工项目中，有21项安排在川陕地区，这对囿于城墙内的古城西安是个大机遇。20世纪50年代初，在制定新中国成立后第一个总体规划时，围绕着城墙的保留和拆除发生过激烈的争论。西安市城市规划组提出总体设想：保留老城格局，工业区避开汉唐遗址，放在东西郊区，已知的名胜古迹遗迹将规划为绿地，城墙和护城河作为公园绿地保留。在当时担任总图绘制工作的周干峙看来，城墙与护城河将成为“西安的一条绿色项链”。然而，当时支援西安建设的苏联工业专家对这个方案很不满意，他们认为，多家大型军工企业将在西安建成，大量北京、东北和四川的军工技术人员和工人会随之迁入西安，居住和交通是个大问题。因此，工业企业布局应该距离旧城更近，最好“拆掉城墙，发展更多的道路，解决当时的交通问题”。

在一次有时任国务院副总理的李富春参加的研讨论证会上，大多数工业专家和仅有的两位规划专家的争论进入白热化。最终，几位老干部提出，抗日战争时期，城墙上就挖了不少防空洞躲避轰炸，可见“城墙有利于防原子弹，防地面冲击波，符合人防备战要求”。就这样，西安城墙才逃过一劫。另外，1950年4月

7日，习仲勋在西北军政委员会上就是否拆除城墙给出了意见。他认为古城墙不仅不能拆，还要保护。随后，西北军政委员会以主任彭德怀，副主任习仲勋、张治中的名义发出了《禁止拆运城墙砖石的通令》。这一决定，奠定了很长一段时间对古城墙的态度，一直延续到1958年。

“城墙防原子弹”的理由在西安尤其有说服力。因为对很多人来说，“抗战”时期在城墙钻防空洞的经历还记忆犹新。曾任西安市文物局总工程师的韩保全说，他小时候住在城墙南门附近的一个巷子里，日本飞机来轰炸的时候，城墙起了关键作用。国民政府原本在一些大街上修了防空洞，砖砌的，宽15米，进深100多米，可是老百姓不愿意钻，因为有一次飞机轰炸炸开了一处，死伤几百人。老百姓就喜欢钻夯土的城墙，觉得结实。城墙里有2000多个防空洞，都是附近的居民和商户自发挖的。这些洞的进深大都在15米左右，有马面的地方则更深，达二三十米。为了方便跑防空洞，当时城里人大都住在城墙边。韩保全的家离城墙防空洞也就200多米，一听到拉警报，全家就赶紧往南门方向跑。他印象最深的是半夜听到警报跑，小孩子还睡得迷迷瞪瞪的，大人给套上衣服，没一个人说话，只听见脚步声“咵咵”响。韩保全上的小学也在城墙根下，上课时一听见拉警报，小孩子们马上兴奋地从椅子上跳下来，冲出去。防空洞里憋闷，所以不拉紧急警报时都不进洞，就在防空洞外的人家坐着，居民家里还供应些茶水、零食。韩保全说，他最喜欢去一家茶叶店，里面有个老先生会讲故事，爱讲《封神演义》，小孩子们都围着他听。有时候四五个小时警报不解除，就一直坐那儿听四五个小时。说来也奇怪，日本飞机从来没有炸到城墙上，墙里面的这2000多个防空洞也很安全，从来没出事。

城墙不拆了，也就保留下了老城的固有骨架和建筑的整个系统。曾任西安市规划局局长20年之久的韩骥说，1952年制定的西安第一版《城市总体规划》，最大的贡献就是保留下来一个完整的城的轮廓，“井”字形的道路格局，为之后的古城整体保护打下了基础。

拆与保的分水岭

20世纪50年代初期，城墙存废还停留在专家层面的争论上，到了1958年“大跃进”，拆城风已经席卷全国，苏州、南京、北京都开始拆城墙，这股风也很快刮到西安。据档案记载，1958年6月17日，西安市委专门召集有关部门召开座谈会，讨论西安城墙存废问题。会上形成两种截然不同的意见，一种主张拆除，一种主张保留。“拆除派”认为：城墙是封建社会的城堡，主要起防卫作用，现在进入原子时代，国防价值已经不大，并且城墙古老，缺乏排水设备，遇雨水冲刷，很多地方容易发生危险，直接威胁人民的生命安全，如果要作为古迹长期保存，势必还需要一大笔维修费用。反之，如将城墙拆除，不但可以节约大量资金，而且拆下的城砖、城土还可加以利用。城墙拆除后可以扩大建设用地，也可以清除城乡界限，便利交通。如果从保存文物古迹着想，把城楼留下来就行了。“保留派”认为：西安城墙是闻名的古建筑，有着悠久的历史，中央规定有300年历史的古迹都应该保留。西安城墙目前及将来对城市并无多大妨碍，保留下来，还可研究和欣赏。两派中，保留的声音明显居于弱势。同年9月，西安市委向陕西省委报送了拆除城墙的请示报告：“认为西安城墙可以不予保留，今后总的方向是拆。为了便于人民以后瞻仰，只保存几个城门楼。但目前可将需要拆除的地方和危险的地方先予以拆除，暂不组织大量的人力全面集中搞。今后将按照城市发展的需要结合义务劳动，逐步予以拆除。”省委很快在10月份批复：“原则同意关于拆除西安城墙的意见。”

拆城随即开始，城墙垛口的砖几乎被拆尽，南门两侧包砖已经被剥下来了。韩保全回忆，当时主张拆城墙的人还在报刊上算这个“鸡蛋换牛”的账，鼓吹把城砖拆下来，地皮空下来，能盖多少房子。可是那砖拆下来能用吗？主张保留城墙的一派以武伯纶、王翰章、贺梓城、范绍武、王世昌五位文物专家为首，他们心急如焚地奔走呼号。王翰章曾对韩保全回忆这段历史，他们先向当时的西安市领导反映，要求停止拆除城墙，被市长直接顶回来：“都到现在了，你们还保护那些封建城堡干什么！”他们很着急，怕省里和市里态度一样，就麻烦了。所以五个人冒着很大风险，以陕西省文物管理委员会的名义，给国务院、给习仲勋发了封电报。后来就有了文化部向国务院写的报告《关于建议保护西安城墙的报告》。报告于1959年7月1日提交，国务院7月22日即批复，同意文化部的意见，请陕西省研究办理。原西安市政府副秘书长、西安市规划委员会秘书长梁锦奎当年曾看到过这份批复，多亏这个批复，及时阻止了拆墙。也幸亏西安人做事总是“慢半拍”——当时北京为了修“十大工程”，为了修地铁，动用机械设备拆除城墙。西安和北京相比，拆除不在一个量级上。梁锦奎说，看来慢有慢的好处，他们过去常常自嘲：“中央动不动就一刀切，切到南方，只切了个尾巴；切到西安，才刚伸出个头来，砍了。”

商子秦说，原西安市委书记崔林涛曾和他分析过，保西安城墙，习仲勋是冒着很大风险的，也非常有智慧：“习仲勋当时分管文化部，让文化部文物局打报告，保护西安城墙。他收到报告再一批，就保下来了。而且当时正在研究全国第一批重点文物保护单位的名单，西安城墙有幸入列，又加一个保护伞。”

1958年还在清华大学建筑系读书的韩骥，目睹了推土机一步步铲倒北京城墙与城门的过程。在建筑系，他因公开支持梁思成的观点，被扣上了“走封资修道路”的帽子。毕业后，他被分配到宁夏煤矿城市石嘴山，直到1973年才来到夫人张锦秋所在的西安，后来担任西安市规划局局长20余年，成为古城保护的代表。他感慨1958年北京与西安城墙截然不同的命运，而城墙存废也是两个城市日后走上不同发展道路的分水岭。回望历史，韩骥感慨：“一座规模宏大的古城堡被完整保存下来，对全国来说，是‘失之东隅，收之桑榆’，然而对西安的古城保护来说，则是举足轻重的战略步骤。在处理古与今、新与旧的关系上，西安坚持‘古今兼顾，新旧两利’。在文物古迹周围进行建设时，‘强调同周围环境配合，发展新的，保护旧的’。这两条原则都是20世纪50年代梁先生在研究北京都市计划时提出来的。”

被遗落的生活现场

在从小生活在城墙根下的商子秦的记忆里，20世纪60年代到80年代，城墙里的生活都没什么变化。那时候他家住在湘子庙街的一个大院，就在现在南门盘道的位置。院子的北门紧挨着城墙，顺着一道土坡上去，就到了城墙根下。湘子庙街过去都是大院，多是做商号的人和旧官僚，比如商家住的这个四进院子，房主姓武，老太爷曾是清朝陕西督军，生了9个儿子，民国时期就让他的儿子们一半参加共产党，一半参加国民党。所以院子里既有曾经的国民党西安城防警备司令，也有从延安回来的、之后成为陕西某大学的油画系主任的艺术家，还有一位做过西安城建局长。商子秦家是后来搬入的房客。这个传统的关中大院非常精致，前头有个花园，种着蜡梅花、紫薇花，还有一棵西安市有名的玉兰花，花开的时候，西安电影制片厂都到院子里来取景。

在城墙下住着，一切就都跟城墙有关系。商子秦回忆，他上中学的时候，所在的西安市第五中学就在书院门的关中书院内，早晨上学、下午放学，还有晚自习上学放学，都是沿着古城墙走，一天绕南门三个来回。有时候早上起来锻炼身体，就绕着南门跑一圈，正好400米。学校面积小，开运动会时也绕着南门跑。他更喜欢的是去城河游泳。回到家一身臭水味，妈妈往身上一抠就是一道白印，知道肯定是去城河游泳了，免不了又挨一顿揍。

因为20世纪50年代末那一轮拆城墙运动，很多城墙砖都被人扒下来了，特别是南城墙附近，城墙上下都有堆成一摞摞的砖，所以城墙根下家家户户用城砖垒灶、铺地、修房，反正近在咫尺，唾手可得。那砖，一块能顶大开本的《辞海》两本还多，沉甸甸，光溜溜，可算是上等的建筑材料。商子秦记得，那时候有好几位著名书法家，练字都用城砖，蘸点黄泥浆，一写，水就被吸走了，擦了再写。小孩子们还拿城砖锻炼身体，刻成石锁，或者简单钻两个洞，弄成杠铃。商家厕所用来垫脚的都是城砖，现在想想，太不恭敬。

城墙砖剥落后，更方便了挖城墙洞。据西安作家姚泽芊回忆，城墙洞最为集中的一段是在北门附近，那一带聚集了一批逃荒到西安的河南难民，有的就在城墙上掏洞赖以栖身。直至20世纪70年代，那些最初的居民早已搬离，但仍留有一处处的洞穴。小学时，他曾随大一点的孩子到城墙洞里探险，只感觉其中如地道一般洞洞相连，有些俨然如今日之三居室、四居室的套间形状，还留有炕铺、锅台和通风口，各种生活设施一应俱全。相比市内很多人家三代人同居一室的住房状况，城墙洞内不但面积宽阔，而且冬暖夏凉，真给人一种世外桃源的温馨感。后来，这些洞穴就成了流浪者和犯罪者的藏污纳垢之地。在“文化大革命”后期，西安首次出现了一个专门打家劫舍的犯罪团伙，号称“五湖四海”，在市民中引起极大的恐慌，而人们关注的重点，就是这些神秘莫测的城墙洞，以至于天色一黑，就没人敢在城墙根行走。当时街道派出所要求各个居委会组织巡逻队夜间巡逻，一有风吹草动便打锣吹哨，其间也闹出过不少风声鹤唳的笑话。

城墙的魅力还在于攀缘，这对孩子来说尤其有吸引力。商子秦说，那时候城墙疏于管理，上面到处堆满了砖块，也禁止人上去。不过他们几个小伙伴经常一放学就上城墙，钻进五六十米一个的砖砌水槽，张开手臂撑着槽壁内侧，踩着一指宽的砖棱往上爬。在城墙上，天晴时候远望可见终南山，能看到山的形状，甚至是上面的积雪。往近处看，城墙下面都是棋盘格式的街道、院落、平房、槐树。经历了“上山下乡”后，商子秦在90年代初辗转再回到西安，发现院子拆了，街道也不存在了，只有路边的槐树还在，树干苍黑苍黑的，冬天在天影底下直立着。他不禁感慨：“我所认识的只有树。”今天再从城墙上往下看，全是高楼大厦，他就觉得不协调。他喜欢到规划院去看那个60年代西安城圈内的模型，做得非常细致，连湘子庙街老院里的那个月亮门都能找到。

所幸城墙还在。如韩骥所说：“在当时的历史条件下，凭个人力量，保不住这座墙。同样，拆掉它也不是那么容易。”

1961年，西安城墙被国务院公布为全国重点文物保护单位。不过到了“文革”，它又成了“破四旧”的对象。但是这座历经沧桑的城墙太庞大了，周长近14公里、高12米、底宽18米、顶部均宽14米，红卫兵顶多能扒下些城砖，城墙拆不动。到了1972年，“深挖洞、广积粮、不称霸”运动席卷全国，西安也成立了人防办公室，在城墙南门成立了城防指挥部，开始全民挖防空洞，在城墙上挖，也在城外挖，从南门一直挖到南郊，宽度有30米，甚至设计下面可以通汽车、开电影院。韩保全那时候已经意识到有问题了，他看《参考消息》上说，美国苏联已经在加固自己的导弹发射井。“我的理解，导弹发射井肯定在最隐秘的地方，这种地方都需要加固了，我们领导还在挖防空洞，这不是开玩笑吗？”这时期，城墙作为防御工事的存在价值，也成了一个笑话。

可以说，西安城墙虽然没有被摧毁，可也被“扒掉了一层皮”，几乎成了一圈土墙。按照20世纪70年代末的统计，墙体毁断14处，计1225平方米，外墙青砖被扒1846万平方米，墙体有洞穴2100孔，总塌方量超过20万立方米。正如当时在西安读大学的作家和谷所说：“古城墙，被这个大都市遗忘了，抑或将它当作碍人手脚的废物，却又困惑于无法处置它。”

重生

商子秦说，西安那时候是典型的“大城市、小财政”，尽管工业很发达，但是因为军工企业多，不交税，还要地方养着，财政被拉下来一大块。老市委书记崔林涛曾跟他们倒过苦水，一开始西安修二环路，都没钱修立交。也是因为没钱，尽管西安城墙当时是全国唯一幸存的完整古城垣，但已是千疮百孔，遍体鳞伤。

1981年11月，新华社记者卜昭文在内刊上发表文章，反映西安古城墙遭受破坏的情况。习仲勋看了这篇文章后做出指示，西安城墙才又一次得到了重生。直至1983年2月，西安环城建设委员会成立，西安古城墙的保护开始走上正轨。

这时候的城墙保护已是大势所趋。韩骥举例，1974年兵马俑的发现，对西安城墙的保护起到了“偶然却巨大”的作用。原本只是西安临潼的几个农民在打井时的无意挖掘，却发现了震惊世界的秦始皇兵马俑一号坑。到了80年代初，西安的旅游收入已占到了陕西省全省旅游收入的97%。那时候“世界第八大奇迹”兵马俑当然是西安的代表，和它配套的景点是碑林、大雁塔、骊山、华清池、钟鼓楼，城墙的破败更显突兀。

1980年的一次访日经历对韩骥触动很大。他告诉我，那时候西安刚和日本的京都、奈良建立了友好城市关系，随后派了个访日代表团，市委书记是团长，省委书记马文瑞的夫人孙明是外办主任、副团长，他作为西安规划局规划室的主任，是团员之一。临走时领导就叮嘱，不要总是友好来，友好去，推杯换盏，夹道欢迎，要带着问题去。后来给出了四个问题，其中一个问题就是古城保护。韩骥负责古城保护的问题。抵达日本之后，整个团都对日本的古城保护印象很深。“都说日本学中国，但日本把中国隋唐的建筑都保护下来了。而且日本在‘二战’中是战败国，被美国炸得稀里哗啦的，我们是战胜国，结果我们自己的这些东西都没有了。”那次回来后，城市总体规划方案里面就提出来要“四位一体地保护古城”。所谓的“四位一体”，即维修城墙、整治城河、改造环城林、打通一环路。当时的陕西省委书记马文瑞听了汇报，很感兴趣。

又过了一两年，马文瑞要调到北京当全国政协副主席。临走前，他想再给陕西老百姓做点事情，做了很多调查，包括城市建设这部分。马文瑞找韩骥来谈："你是搞城市规划的，规划有几个重点：陇海铁路电气化、西安车站改造；西安飞机场迁建；黑河引水工程。还有一个是环城工程。你谈谈这四个工程，如果要实施的话，你排个顺序。"韩骥说："最有意义的是黑河引水工程，因为关乎西安城市发展，但这不是短时间能完成的。这是项大工程，规划确定后，得拿到中央立项，主动权不在我们手里。第二件事是陇海铁路电气化，这是铁道部的事，主动权也不在我们。只有修城墙这事，主动权全在我们手里，而且做这个事情功德无量，流芳百世。"这个环城工程做起来也不难，"修城墙，发动群众就可以；挖城河，发动群众就可以。还有城墙附近的违章建筑，发动群众也可以拆。这样整个环城的大模样就出来了。"后来马文瑞就下决心修城墙。

1983年4月1日，西安环城建设委员会正式成立，市委书记是主任，市长张铁民和几个副市长是副主任，还有两个名誉主任——习仲勋、马文瑞。时任副市长的张富春也是副主任之一，他回忆说，这个委员会下设环城建设委员会办公室，办公室成员有计委、建委、财政局、物资局、公安局等，也是为了协调工作。与"四位一体"相对应，办公室下面有四个指挥部，分别是维修城墙指挥部、整治城河指挥部、改造环城林指挥部和打通火车站下穿隧道指挥部。到了每个区、每个街道，也都下设了指挥部，真正是“人民城市人民建”。

真正坐下来制订修复方案时，发现问题比预想之中更困难。张富春说，城墙13.74公里，发现14处断面，总长超过1公里。外墙剥落也很严重，城砖缺失数平方公里，三层海墁破坏了一半以上，排水道基本上已经破坏完了。除了南门箭楼、北门城楼毁于战火，各门的箭楼城楼基本完整，但是98座敌楼和4座角楼已经全部没有了。再加上利用城墙挖的2100多个洞，堪称千疮百孔。

城河的问题更严重。城河原本是城壕，和城墙作为一个整体防御工事。新中国成立后面临城市排水问题，西安周边“八水绕长安”，城市里却没有河流，雨水往哪儿排？所以把城壕改成城河，又要蓄水，又要排水，有40多个管道。市区里面有40多平方公里区域的雨水，相当于当时130平方公里城市总面积的三分之一，都要往城河里排。但是城河作为城市蓄水、排水系统，能力不够，几次大雨造成的灾害很大。特别是1981和1982年大雨后城河容纳不下，溢流进城，淹了1000多户人家。再加上一部分污水也排进城河，把城河变成了污水沟。

还有环城林带，当时估算里面有20多万平方米的违章建筑，包括瓮城里面也全被单位占着。“所以环城林不是环城林，实际上是违章建筑群。”张富春说，他们提出的“四位一体”的维修方案，正对应城墙存在的几大问题。

但是维修资金从哪儿来？当时的西安财政全年的城建资金只有1.2亿元，而预计要花两三个亿。后来马文瑞给中央写了封信，中央批了5700万元，中央、省、市按照5：3：2的比例，才把资金问题解决。

70岁的史凡当时是西安碑林区副区长，兼任区环城建设指挥部的副总指挥。她记得，环城工程建设分到六个区，四个区搞城河，两个区搞城墙，之后再由区里分到街道，街道分到各单位。碑林区第一期负责城河的和平门到南门的1公里多，第二期负责小北门段，清除淤泥、治理护坡。史凡回忆，那时候清淤全部靠人海战术，把河底沉积了2米多厚的淤泥一桶一桶地人工拉出来。因为城河水位比较高，不可能把水引走了再修，要先在一侧修个导流渠，让水流走，在另一侧清淤泥，之后再换另一侧。而且为了不让维修城河抽出的臭水向下流到别的区，修护城河是上下段同时开工。在维修南门吊桥时，他们遇到了很大的困难。“南门吊桥因为大雨返修了四五次，想尽了一切办法让水泥快点凝固。最后一次，我们开着吉普车狂奔，半夜敲开店家的门买凝固剂。”让她感动的是，被吵醒的店家一听是修城河，就说“拿走吧，明天再来交钱”。

兼任城河治理总指挥的张富春回忆，1983年，雨季一直持续不断，工棚异常潮湿，很多工人都生病了。城墙上要补的洞有2000多个，每个洞的情况都不一样，施工方案就要有2000多个。补城墙的砖必须特制，又派技术员到户县等地的砖窑定制……城墙和城河的这次大修效果显著。从1983年4月1日到1985年底，两年多的环城建设工程让西安城墙的东、南、西三面完全贯通，还重建了部分敌楼、角楼和一座魁星楼。城河的淤泥被挖出，库容量也从40多万立方米恢复到100多万立方米。

史凡自称是“城墙守门人”，几十年的学习、工作、生活，都是“以南门为圆心，方圆一公里为半径”。她在1987年正式调到环城建设办公室任副主任，在城墙和城河修复后，又开始做环城公园的整治。她还记得一开始做环城公园规划时，原则就是“古朴、粗犷、有野趣”。“古朴”来衬托城墙，“粗犷”也是为了与它历史的厚重感统一，“有野趣”是强调回归自然，所以没有一些标准的、对称的图案造型，地面也没有整理成一马平川，而是恢复了一些坡地，也保留了一些原生树种：日本友人赠送了一些樱花树种，形成樱花园；西北角有一个石榴园，石榴花是西安的市花；西边保留了很多核桃树。让史凡自豪的是，环城公园成了西安人生活必不可少的部分，散步、遛鸟、唱秦腔，简直成了自己家的舞台。

对史凡来说，如果说环城工程还有什么遗憾，就是在退休前没有把城墙完全环起来，火车站那里还留着个豁口。1997年环城建设15周年前夕，她去深圳拜访习仲勋。习老一再强调：“你现在把城墙连起来了吗？你们叫环城建设委员会，就要把城环起来才行。”

激活

20世纪90年代初，摄影师胡武功因为一个偶然机会，开始以《四方城》为主题拍摄西安城墙周边的人和事。正值改革开放初期，一轮经济改革的大潮正由东向西席卷全国，而蜗居“四方城”里的西安人隔着厚厚的城墙，似乎仍满足于缓慢的生活节奏。胡武功和当时的很多文化人一样，觉得城墙是一个封建桎梏的象征，是需要从思想层面去冲破的。“鸟长期放在一个笼子里，就不会飞了。”但随着镜头的推进，四方城周边人们生活的悠然、笃定也逐渐感染着他，城墙作为特定文化载体的意义也多元化起来。无论如何，四方城与四方人，早已不可分割。

《四方城》影像里有西安人共同的童年记忆。比如其中一张，8个孩子贴身攀援在古城墙上，正顽皮地回头张望，近处一个穿裙子的小姑娘骑在车上回眸一笑，在远处的城根下，还有一个少年迷茫地傻站着。那是胡武功1996年路过时随手拍下的，小时候，他也曾经是“挂”在墙上的一个。而城门口叼着烟卷卖纸官帽和灯笼的小贩，也是他过年时的盼望。西北人根深蒂固的思想中，讲究过年时舅舅送外甥一顶“官帽”，于是这个小贩的生意会从大年初一红火到十五。不知不觉间，城墙下的生活也在悄悄变化着。照片里出现了捧着旧半导体的老人和听“随身听”的青年人，还有城墙下跳迪斯科的老年人，而他关注过的“麦客”已经基本消亡。

胡武功拍摄《四方城》正好赶在了西安大拆迁前。在他刚开始拍摄的1995年，西安开始了大拆大建的历程。到了1998年拍摄完成，北大街被拓宽改造，老式店铺一律推倒，在不到一年的时间里，迅速拓宽成80米的双向路，街道两旁的高楼大厦也已具规模。随后西大街也开始改造。他在有意无意中记录了城墙一段即将消逝的历史。

城市在变，人们对城墙的看法也在变。1998年克林顿访华，西安城墙第一次作为主体走到前台。史凡组织策划了那次入城迎宾仪式，她说，当时先遣团要从几个城市中选择一个能代表中国特色的城市，而且是作为克林顿到中国的第一站。西安有什么是别的城市无法复制的呢？大家一致认为，城墙是西安特有的舞台，而“西安南门仿古迎宾入城式”是独具魅力的，这是根据中国古代礼仪和唐代《开元之礼》仪规，利用西安特有的古城墙而筹划的。他们临时用美国国花玫瑰在月城里做了100多平方米的迎宾图；听说克林顿的夫人、女儿、丈母娘要来，他本人又喜欢音乐，因此在箭楼平台上加入了背景轻音乐；在城墙上还设计了小学生写的“和平万岁”书法送他。结果，先遣团看后的当晚，就确定第一站非西安莫属。

史凡说，协调过程中，中美双方基于文化和安全的不同理念也产生过不少分歧，可谓不打不相识。比如美方安保组要求南门御道广场周边的守城士兵队伍将手中的冷兵器换为可摇动的龙旗，以干扰外部视线，她坚决拒绝了。而负责搭建赠交古城金钥匙台的小组则要求搭建2米高的平台，好让整个广场远近都可看清这激动人心的场面。但克林顿本身就有1.9米高，再搭个2米的台子，岂不是成了靶子？后来降至1.1米。两个月后的入城仪式让史凡终生难忘。市长将象征开启古城之门的金钥匙送给了贵宾，随后在古朴雄浑的大唐乐曲中，掌灯仕女、文臣武将、多国使臣礼宾出迎。随着礼仪官一声“恭请贵宾入城”，战鼓齐鸣，贵宾们接过通关文牒，在掌灯仕女的引导下，踱吊桥、过闸门、进月城、穿灯廊、登城墙。克林顿原计划在城墙停留40分钟，结果延迟至1小时40分。临别时他握着史凡的手说：“我经历过很多欢迎仪式，今晚的古城堡是我终生难忘的。”

“克林顿第一站来西安，是打开中国历史之门，城墙的文化属性得以彰显。”曲江管委会副主任、西安城墙管委会主任姚立军自称第二代城墙守护者。在他来城墙时的2004年，北门火车站的豁口采取修复复原和保护文物的方法相结合，终于将整个城墙连为一体。可以说，第一代守护者把破碎的城墙连起来了，而他这一代人的使命，则是传递文化，让城墙活起来。

姚立军来到城墙管委会工作时，“黄金周”刚刚施行，如何让人走进来，让城墙创收，是他最大的难题。他告诉笔者，那时候城墙还在赚门票钱，一张门票10块钱，北门、南门、含关门各有各的地盘，分别售票，场面混乱。卖票的人就在门口支一张黄桌子，穿个军大衣趴在那儿，耳朵上还夹着一根烟，有人来就把票从兜里面掏出来，一手拿钱一手拿票。而城墙也像其他景区一样，城楼里、城门里都是一个个商店，环城公园里还有90个摊位，到处卖同质化的旅游商品，书画、地毯、丝绸、玉器。大家都把城墙当成个载体，认为其自身没有旅游价值。

姚立军认为，先要让人关注城墙，进来触摸感受它，否则它就是一堆废弃的垃圾。他晚上一个人站在城墙上，会不由得想起3000多年的长安史，想起城墙下所对应的每一个地点曾经发生过什么。可是历史怎么让游人走入？他说，先用保护的手段，还原城墙自身的价值。除了大的修复工程，还有每天的日常巡查。城墙长13.74公里，城墙管委会文物保护部负责安全管理的6个人轮班，每天都要绕城一周，作墙体变形观测。刚从文物保护部退休的蔺娜说，目前的西安城墙已有600余年历史，而其文脉肌理又源于1400年前的隋唐时期，它就像是老人，年老体弱时常得病，遇到恶劣天气更要加强巡护。她形容自己，既是城墙的“美容师”，又是“医生”，给城墙治病，应对那些裂缝、沉降、鼓胀、松动。

城墙上曾组织过“夜跑”活动，吸引了不少年轻人参与。姚立军说，类似活动非常丰富，就是为了让城墙活起来，有人气。平日租辆自行车绕城墙一圈，就可以“半日游尽三千年”。更大规模的活动是每年11月份第一个周末的马拉松，已经形成一个品牌，上万人都在上面跑。而在一些传统节日，城墙更是一个必来之地。比如中秋节，家人登城赏月，感觉真是中国的中秋节。元宵节灯会，晚上上来近10万人，好像带着一家老小在上面走走，才是西安人。

让姚立军骄傲的是，他接手前一年，城墙的门票收入只有750万元，现在已经超过了1亿元，游客人数仅次于兵马俑。在他看来，“城墙开始就像一个病恹恹的老头，现在活得很滋润，有很多人爱他，环绕着他。前段时间想在城墙上安装一个电梯以方便老幼，很多人不愿意，说等于要给他装个假牙，马上拆除了。这也说明西安人对城墙的感情”。

土楼里的宗族流变

1986年作为福建民居代表印在邮票上的那座土楼——承启楼，连同它周围的江氏家族高北土楼群，在2008年变成了世界文化遗产。对于逐渐从土楼里走出的江家后裔来说，传统的宗族规则已经变异，这份老祖宗留下来的遗产正在商业力量下，形成另一种向心力。

土楼是福建传统的民居，分布于闽南、闽西的山区，就地取材，用黄土、石子、竹、杉木为原材料，制作夯土墙和木梁柱搭建。从外面看去，土楼更像是黄土堆砌的高大城堡，基本分为方

江氏家族高北土楼群

楼、圆楼、五凤楼，每一栋楼中都有一个家族的繁衍史。

高头江氏第十五代江集成是江氏家族的祖先，也是高北土楼群的建造者，被后代封为“兴建三大土楼楼主”。在江氏后裔看来，江集成是一个懂《易经》八卦、勤俭持家的人，正是由于他的苦心经营才让家族发展壮大。江家三房第二十六代江龙济说，江集成字佩澜，有兄弟6人，兄弟分家时“我老祖宗分到的地前面是湍急的溪水，后面是峻岭，这样的地方‘人不上五十，财不上一千’。”江集成于是另选居所，看中了坐北朝南的五云楼。江家三房第二十七代的江恩庆说：“客家人做房子讲的是坐北朝南，依山傍水。”五云楼背后松木参天，前面有小溪，后面饱满前面空，风水很好。当时的五云楼地势很低，因此房屋潮湿，居民陆续搬走，只有两个贫穷的兄弟住在里面。江龙济说：“老祖宗是万金家，也就是很有钱的人，我老祖宗在钱上慷慨一点，招待他们吃酒吃饭。”两兄弟为了报答他，便把五云楼卖给了江集成。

五云楼坐落在江氏家族四栋土楼的最东端，建于明代隆庆年间，是土楼当中的方楼，占地3600多平方米，共四层，每层40间房。五云楼坐北朝南，仿照唐宋以来的宫殿式建筑，进了大门，在全楼中轴线的南端有门厅，北端是后厅，两厅中间有一个大天井，天井中央有一个“口”字形的中厅，从外门楼起，经大门、中厅南门、中厅北门到后厅，一共五进。

江集成买入五云楼之后拆掉了上面所有的木结构，将地基垫高，并把原来的3层加为4层。江龙济说，如果是搞建筑的人，一

承启楼全景

眼就能看出五云楼和相邻的世泽楼的土墙的区别。“五云楼的土淡一点，是明朝的，世泽楼的土是清朝的，不过五云楼所有的木结构都是明末清初的，要比土墙的年代晚。”

江龙济指着围墙外用石子铺成的平地说：“这是外坪，有老人去世的时候要在这里停灵，烧纸人、纸房子。”围墙的大门并不正对土楼的大门，江龙济解释这是以八卦为主体的五行布图，“五行相生，搬进来住人丁很旺”。从外表上看，五云楼和它隔壁的世泽楼没有什么区别，但江龙济对它谙熟于心，“我不说你看不出来，五云楼没有世泽楼那样的石基，是平地起夯，它的石头是后镶上去的，是假的”。这个差别标榜着五云楼年代的古老，因为明代和明代以前的土楼没有石基。五云楼的正面向里面

凹陷，江龙济说，建的时候就这样的，土楼是建一层停下来，干燥后再建第二层，外面太阳晒，里面潮湿就凹进去了。“别看它凹进去了，地震都震不坏。”

土楼的一个重要的功能就是满足里面居民的安全需求，高大坚固的土墙围出一片独立的天地，自成完整的防御体系。五云楼建成的几百年里历经兵火，幸免于难。江龙济还记得大门口石板和石雕烧毁的痕迹。他解释说：“太平天国兵败路过这里抓人挑担子，我们把大门关起来，他们在外面架起柴火烧，我们就把毛竹切开引水从门顶向外灭火。”五云楼东西两侧各有一口水井，二楼还有40间粮仓，楼里居民不用出门也可以生活一段时间，并不害怕这样的围攻。

正对大门的是仪门，现在已经看不到两扇门板，任何人都可以随便穿过，但是在清朝，江家是不随便开这扇门的。“来了客人先通报，只有考取功名的客人才开仪门迎接，其他人都要从侧面的通道走。”江集成有四个儿子，五云楼的房间平均分为四份，每房儿子有专用的客厅、楼梯和通道。大门东面是大房的客厅，西面是满房（四房）的客厅，客厅通向楼梯的走廊上还有一道门。“清朝时女人是不能抛头露面的，客人来了就在各房的客厅里吃茶，不能往里走，门一关起来看不到家里的女人。”从仪门可以进入吃茶议事的中厅，这是家族的公共空间，红白喜事也在这里摆酒。中厅跨过天井就进入了后厅。

后厅一直供奉着祖宗的牌位，直到最近几年才改成了江集成夫妇的塑像。江龙济的侄子江汝洋从供奉观音香案的下方小心翼翼地拿出祖先牌位。这是一块贴着红纸的木牌，上面书写着祖先的名字，“这是我写上去的，地方这么小，写到七十二赞（江集成的曾孙辈）就写不下了。牌子是传下来的，‘破四旧’的时候藏起来才留到现在。”

江龙济说，五云楼的风水好，江家的人丁很旺，“四建、十二千、七十二赞、三百六十汉，亲传五代，男丁四百六十五人”。如此众多的人口，五云楼容纳不下，必须建造新的房子。江龙济说，当时五云楼附近都是农田，但都不属于江家，“拿人家的地，你说容易不容易，我老祖宗很节俭，吃番薯都不揭皮，省下钱来买地”。有趣的是，江家3栋老宅的建筑时间并不同，地理位置一样，依次而建，五云楼之后修建的是相隔的承启楼，最后修建的是中间的世泽楼。江龙济解释，这是为了占地盘的计谋。先修承启楼，“两头都是我们家的了，你还过不过”。之后，江家顺利地拿到了五云楼和承启楼中间的那块地，修建了世泽楼。

康熙四十三年（1704年），江集成在五云楼往西100米处建承启楼。承启楼也是目前为止永定县内最古老的圆形土楼。江家三房二十七代江恩庆说，承启楼的设计受到五云楼附近山顶上用于防御的圆形山寨的“金山古寨”的启发，按照八卦布局。这是地理环境的需要。高北村处于永定县的东南部，山多平地少，海拔高气温低，“高层的方楼，平面大不利于抵抗强风，圆楼是切线，抗风能力强”。除此之外，方楼的房间还受到阳光的局限，有一部分采光不好，圆楼的阳光均匀，没有死角。

承启楼坐北朝南，位于八卦中坎卦的位置，由四个同心圆组成，外径63米，是典型的内通廊式结构，楼中心是祖堂，第二环是一层20间房，第三环是2层34间房，外环主楼为4层67间房。江龙济绘制出承启楼平面图，“布局与《易经》六十四卦图的太极、两仪、三元、四象、八卦、六十四卦相呼应”。承启楼之后，永定圆形土楼大多模仿承启楼的设计。

承启楼建成几十年后，江家祖先终于得到了五云楼和承启楼中间那块地，嘉庆年间模仿五云楼修建了世泽楼。站在世泽楼大门向里望，视野要比五云楼开阔得多，可以一直看到后厅供奉的观音。世泽楼中轴线上的重要建筑仪门和中厅只残留了地面的基址。偶尔有居民养的鸡鸭在上面啄食。世泽楼的居民江文学说，它们毁于1929年的民团放火。这之后承载江氏家族伦理秩序的仪门和中厅并没有被重修。到了民国时期，由于人口的膨胀，江家的礼仪场所多被用来居住了。江龙济回忆，民团放火之后很长一段时间承启楼和世泽楼的人都住在五云楼，“有500多人，中厅和后厅都睡着人，后厅前面两个侧房，原来是做好事时吹唢呐的，现在要住4户人家，你说挤不挤”。江氏家族进入了拥挤的岁月，江龙济说一间10坪不到的屋子要放两张床，一张大床一张小床，“夫妻俩睡在小床上，小孩子都住大床，大床有屏，小孩掉不下来”。

侨福楼紧邻承启楼，是高北土楼群里最年轻的一座。1962年，五云楼居民江珍林的兄弟从缅甸汇给他一笔钱，要他在老家造房子。“钱给了我，做什么样的房子他们不管。”江珍林说他从来没想过造洋房，就是按传统设计了土楼。一开始是仿造五云楼的方楼，“图纸都是方楼的，可是有两位老师傅说还是圆楼采光好，最后决定修建圆楼”。江珍林说当时政府批地很少，自己因为是华侨受到了照顾。“我申请了3亩地，政府批了两亩，每亩价格是60块钱，超出的部分要花3倍的价格。”侨福楼最后建了3亩多，一共3层楼，做了3年，花费工程款9万元人民币。这在当年是个很大的工程，光是夯墙一项，一段墙就要4个师傅和6个小工，每天要有80多个工人同时工作，侨福楼仿照承启楼而建，但是又与承启楼有差别。土楼外面设有围墙，侨福楼对面的山势呈“V”字形，当地人的风水学里，这是流财的迹象，建外墙是为了挡住煞气。外大门和后厅的门都建成了西洋风格，“为了体现建楼者是华侨”。侨福楼里面去掉了承启楼的内环，设计者江源美说，这是为了更好地采光。侨福楼是江珍林一家居住的房屋，承启楼内环的那种公用建筑也用不上。

1962年正值三年困难时期，交通不便，物资匮乏，只有就地取材建土楼。因此，侨福楼成了巨大财力推动下的江家最后一座土楼。1982年后，既无这种推动力，也无这种需求，打工办厂富裕起来的客家人不再喜欢土楼这样的传统建筑，当地便再无一座新建的土楼。承启楼的后代们逐渐搬离祖宅，在土楼正门附近建起了“洋楼”。

江家的仪式化生活

每天早晨6点，75岁的江恩庆都会沿中轴线走向祖堂，仔细擦拭老祖宗的牌位、匾额，给煤油灯加点油，再给观音像供上三炷香，才开始他在承启楼里一天的生活。晚上11点全楼灭灯之前，他再检查一遍祖堂的煤油灯，确保它昼夜长明。

祖堂位于全楼的中心。以它为圆心，四个同心圆环建筑环环相套，所有的房间都朝向中心。在这里，江恩庆和承启楼里的江氏家族供奉着同一位“老祖宗”——高头江氏第十五代孙江集成，他也是这座土楼的建造者。高头乡是永定江姓人聚居最多的地方，据县志和族谱记载，高头江氏是从传说中的客家发源地——宁化石壁村迁来。江集成生活在明末清初，他并不是巨商大贾，更不是达官显贵，只是一名普通农民，据传主要以耕田放鸭为生，靠勤俭节约善于持家而略有积蓄，买下土地建起了五云楼，继而又兴建了承启楼和世泽楼，开创了家族基业。

一圈屋檐将天空围成圆形，圆圆的天空之下，承启楼俨然一幅完整的“八卦图”：“太极生两仪，两仪生四象，四象生八卦。”由祖堂向外，两个半圆形天井围成中心圆圈。第二环1层，是旧时的“书房”，供家里女子读书、梳妆之用。第三环2层，为“客房”，现在二、三环都改为厨房或住房了。最外面的第四环4层，为“住房”，分为八卦，每卦8间，共64间。空间形态由内向外渐次升高，犹如罗马大角斗场，利于采光通风，更增加了向心力。

承启楼直径63米，沿外环走廊一圈，要走292米。这不像一座楼，更像一座圆形城市。清末最盛时楼中住了80余户，600多人。据传在一次婚宴上，两个年轻女子夸起自己住的楼，一个说“高四层，楼四圈，上上下下四百间”，另一个说“像座城，居住三年，不识本楼人”，待说出楼名，原来都是承启楼。

东门边，江恩庆和他的大儿子、两个堂哥等一家占据了楼内的6间屋子。从外面看，这座圆形城市的每一间都大小均等、外观相似，循环往复。但正如空间形态遵循“八卦图”设计，家族中的每个人也被严格安排在固定的位置上。比如江恩庆一家住在东边，就代表了他是族中的三房子孙。江恩庆说，江集成有四个儿子，正好可以按八卦划分。因为承启楼坐北朝南，北边一侧就归了大房，南边归“满房”，即四房，东边是“天”，归三房，西边是“地”，归二房。各房夯子墙作隔墙，平时互不连通。

四层的外环不仅加强了宗族的对外防御功能，对内也将居住功能清晰划分。第一层一半厨房，一半饭厅，“木质土楼最怕火，灶间不能放在楼上”；第二层作谷仓，第三层、第四层安静通透，用作“睡间”。但并非是一户人家从下至上一以贯之的，而是按“梅花间”划分。所谓梅花间，就是说一层是你家，但正对的二层、三层未必是你家，同房各户交错安置。江恩庆解释说：“妯娌之间很容易脸红，如果各家房屋交错，不得不相互走动，整天低头不见抬头见，就不好意思吵架了。另外，如果卧室两间上下正对着，若楼上儿子媳妇吵架，楼下就是自家阿公，听到了不好。而且万一有火灾，各家只顾自己，怎么会齐心协力灭火？”这不是没有教训的，初溪那座最大的圆形土楼——集庆楼里兄弟不和，用隔板隔成72个单元。江家从小就教育子女同族间要团结：“不要像那个‘孤独楼’啊！”

祖堂不仅是江氏家族的精神核心，也是共商族内大事的地方。这里的仪式感最强，“北门是‘喜门’，嫁娶时通行；东门为‘生门’，孩子满月时通行；西门为‘死门’，人死时孝子孝孙抬着通行，60岁以上过世的人可放中厅一晚，不到60岁放下厅。”族里的各种规矩在这里得以制定和执行。据土楼居民回忆，民国时候，一名外族人与五云楼内一名妇女通奸被抓获，被新中国成立前最后一位“族长”江子平的儿子江焱昭当场处死。土楼里还曾有这样一个规定，各家各户的妇女在楼道里晾晒衣物的时候，妇女的衣物高度不能超过楼栏杆（视平线）。曾有一名刚从外地嫁过来的媳妇，因为不知道而违反了这个规矩。她的公公江炳轩知道后，并没有责怪自己的媳妇，而是怒斥自己的妻子没把媳妇管教好，这个可怜的妇人，在羞愤之下居然上吊自杀了。

“门上贴‘合家平安’，衣橱贴‘清洁卫生’‘山珍海味’、碗柜贴‘左宜右有’，墙上贴‘食德饮和’。这些‘道酉’不仅是吉祥话，也是规矩。”江恩庆是现在江家规矩的阐释者和维护者之一，他介绍说，每一处细节设计都有规矩，又如在大门外加了“半门”的设计，“若半门关，大门没关，就是告诉客人主人没走远；若大门关了，就是说今晚主人不回来了，别等了”。

但如今这些规矩基本都形同虚设。江恩庆的厨房门口，原本挂着一个“葫芦牌”，相当于对各方义务的提醒。从每月高头乡第一次“赴墟”的日子开始挂出，每房轮流挂五天，这五天就由该房负责楼内清洁、防火、中堂。但现在葫芦牌不再挂出，三房的牌子也被一个游客硬给要走了，“反正也没用了。要不你们再做一个就是了”。江恩庆如今每天打扫三房和中厅，“打扫别的房怕人家不高兴”，而这工作是政府指派的，“每月补贴100块”。

走出土楼

“睡房外走廊的柜子里隐藏着‘水仓’，一口水缸，两口尿缸。以前起夜时要拍一下柜门，提醒其他人不要出来。”江恩庆如今在东门内卖纪念品，也给寥落的散客做讲解，他说：“住在承启楼什么都好，就是上厕所不方便。”现在当然不用水仓了，就用屋里的塑料桶，或者到楼外新修的公共厕所。

时至今日，土楼作为世界文化遗产，其物质形态将继续留存下去，但它的居住功能正在慢慢衰弱。几十上百户人家同居在一个比较狭小的空间内，家族的凝聚力是以牺牲小家庭的隐私为代价的。一楼厨房里做什么菜，二楼谷仓里放了多少粮食，三楼睡房里发生了什么，都毫无秘密可言。

如今，土楼里最常见的图景是，老人从圈廊边慢慢走过，怀抱着哭泣的孙儿。“承启楼现在只剩20多户、60多口人住了。这已经比其他土楼人口要多了。”江恩庆的孙女江秀平如今回到土楼来搞旅游，像她这样的年轻人很难在土楼里见到了。这座300年的土楼，似乎要更快地沉入历史。

江恩庆的大儿子江胜安是最早搬出土楼居住的承启楼居民。1982年之前他和父母及6个兄弟姐妹拥有土楼里的一个单元，这样的空间对于一个8口人的大家庭来说太狭小了。而这样的记忆江恩庆从小就有，他12岁来承启楼居住，和奶奶、妈妈、童养媳4个人挤在一张床上，这种状况到他几年后外出打工才暂时摆脱。

他的大儿子显然更主动地走出了土楼。1982年，江胜安花3600元买下了承启楼外公路边原生产队仓库的地盘。一年之内，他的拥有220平方米、砖木结构、带卫生间和6个房间的两层楼房落成，成了高北一景。这让他还住在土楼里的宗亲们很是羡慕。江胜安当然更知道新房子的好处：“第一是交通方便，能做点生意，睡觉也不吵。”在此之后的3年，另一户也举家搬出承启楼，此后便一发不可收拾。他们在靠近或远离承启楼的地方兴建自己的新房，建的房子参差不齐，有夯土墙的，有砖砌的，尽管与宏伟的圆楼相比显得单薄而粗劣，但都有一个共同的特点：单家独户。“跟城里一样，关起门来过日子，没什么熟悉的就不走动了。”

第一批走出土楼的江氏子孙都将新房建在土楼附近，与宗族的联系还在。但到了2002年，因为要申报“世遗”，政府要在土楼附近划定的保护区内开展整治，其中一项就是把核心区内与土楼景观不协调的新建住房拆除，缓冲区内的房屋外墙涂上黄泥。拆掉的洋房里就包括曾给江胜安带来荣耀和舒适的那栋。被迫搬回土楼不久，习惯了独户生活的江胜安等人就迫不及待地在政府规划的新村内建房，尽管新村离承启楼有500米远，但新居地面上铺着光洁的大理石，沿着楼梯上去就是“与城里人一样的套房”，最重要的是“每一层都有能够洗澡的卫生间”。

那些旅游网站推荐承启楼代表江胜安时，总要在后面括号标注“江恩庆之子”，这让江恩庆很自豪，“实际上都是我接待的”，大儿子一年到头去厦门打工。世泽楼楼长江文松说，这里人均只有3分地，产出都不够弥补成本，历来出路只有两条，念书或者打工，尤其是改革开放后。“以江氏家族为主的高头乡1万多人口，大约有4000人在厦门、广州等地打工。”而他们打工挣钱后，首先就是盖一座独栋洋房，搬出土楼。于是，传统宗族社会下的土楼和现代独立的洋房成了日渐分离的两个世界。

当然，土楼里生活的不便并不是族人脱离土楼的全部原因，更重要的是宗族力量的日渐弱化。江恩庆提起一件事，原本江氏家族有两块屏风，放在土楼祖堂前，“是嘉庆年间我老祖宗的侄孙给他做生日时送的，价值连城”——大的高2.9米，分为12块，上下各12个图案是“二十四孝”，两边是春夏秋冬、梅兰竹菊，中间一块是“郭子仪拜寿”，背面是生日贺辞，还有吏部、户部等官员署名；小的那块高1.2米，分8块，却遗失了，案子一直没破。他记得很清楚，那是2000年的9月30日，小屏风被抬到侨福楼中厅第三楼，准备第二天展览，结果楼里住着的江珍林早晨被卖豆腐的吆喝声吵醒。“没开门你怎么进来了？”江珍林疑惑。再仔细一看，坏了！西边楼梯上有根绳子，绳子尽端，那屏风已经没了。“屏风上写着名姓，外人偷去做什么？肯定是内贼。”江恩庆说，从那以后，江氏家族内部就开始分裂了。

扫墓是江氏家族一年中最隆重的活动，全族人都要出席，“规定谁家孙子春节后第一个生男孩，‘新丁头’，谁就当主持仪式的总理”。那天有舞龙表演，还要演戏，每家每户都贡献花灯、糕点，还会郑重抬出象征家族的屏风和祖宗画像。但小屏风丢了以后，每年都有女人跪下去：“老祖宗啊，你开开眼，看是谁偷了屏风，让他不得好死……”演戏演到夜里12点钟很不安全，大家互不信任，又不愿出钱请人值班，后来干脆就不再把画像和大屏风抬出来了。

“老祖宗遗产”的新价值

“屏风事件”是宗族力量弱化的一个象征，也可以视作另一种商业力量强化的开端。屏风被盗的起因，是江胜安承包了当年的承启楼旅游，投标时跟族人商量好在各楼巡展小屏风，“因为屏风是文物，可以吸引游客过来”。

如今，从龙岩市或永定县城开车两个小时，就可以轻松地抵达这片土楼群。视野的中心就是青山绿水间，猛然冒出一个巨大圆形建筑和它黑黢黢的蘑菇状屋顶，好像天外来客，这就是被视为永定客家土楼代表作之一的承启楼。在承启楼的两边，还有两方一圆三座土楼，共同构成“高北土楼群”的主体。外来者难以想象江集成建造承启楼的时代，维持这里和外界的联系只有一些石砌的山间小道，历时18年的承启楼是如何靠家族人力建成，又是如何靠它抵御周围的野兽和土匪侵害的。

美国卫星在20世纪60年代发现了这片“蘑菇群”，误认为是核基地，吸引了建筑专家来到这片神秘之地。到了1986年，承启楼成为“中国民居”邮票系列里的福建民居代表，“土楼之旅”就开始了。住在承启楼的江家第28代江贵平那时还上小学四年级，联合国代表第一次来他家，他说自己是土楼之旅的见证者，“当年的1块钱门票我还保留着”。当时全永定县就有2.3万座土楼，出名的却只有一座承启楼，其他土楼还没开发。

1996年，承启楼祖堂里讨论起一件新鲜事：承启楼的旅游承包投标。中标者交纳承包费用于楼内的公共支出和各家分红，而自己则获得向前来参观承启楼的游客收取门票的权利。江胜安和和他的公太——江氏26代江龙济中标，第一年承包费是800元，以后逐年上涨：900元、1800元……5.3万元。2002年，承包费居然涨到了9.3万元。那以后，江胜安没有承包，他认为标得太高了。

承启楼1986年出名后就有龙岩地委专员来过这里，希望江家人把旅游开发交给政府。江恩庆说，当时楼里还住着500多人，意见很难协调。大多数人也都是半文盲，不太懂旅游开发的商业收益，一味认为这是政府抢夺家产。官员们又来过两次，也都碰了一鼻子灰。政府转而把开发重点投向5公里外的振成楼.如今20年过去，振成楼所在的洪坑土楼群早已成为福建土楼旅游的代表，承启楼则少有旅游团队进入，昔日的“土楼之王”处境尴尬。江恩庆认为承启楼在80年代丧失了一次绝好的机会：“承启楼有300多年了，从规模、形态、内涵上看都是当仁不让的‘土楼之王’，80多年历史的振成楼只能算‘土楼王子’。”

2000年后。县旅游局又一次来到承启楼，不由分说地签下了20年合同，每年3万元租金。尽管全族人都觉得3万元太少，但缺乏与政府谈判的砝码，族人普遍归结为他们在政府没有靠山，“江家人在政府做官的人太少了”。

“据说是按照振成楼标准，但那边多少人分，我们多少人分？”参与承启楼分成的不仅是现有住户，还有那些常年关门闭户的外出者、搬迁者，反正只要在这里有房产的都可以参与分成。为这事族里吵过很多次，五云楼、世泽楼、侨福楼里的人也要参与分成，理由是“这是我们老祖宗留下来的遗产”。最后达成的协议是，承启楼里按房产分一次，全族人再按人头分一次，这样3万元钱分到每人头上，每年只有十几块，就像江恩庆他们家，“每年能分到96块钱”。

但江氏家族最年轻的土楼——侨福楼就不存在这样的问题。

这座建于1962年困难时期的土楼是靠当地的另一股力量——华侨来推动的。如今的楼主是81岁的江家26代江珍林，“文革”前号称“百万公”，幼年时父亲带他们兄弟4人去缅甸打工，如同当时闽西很多人的选择。只有江珍林一人日后回到了高头，在缅甸做服装生意发财的哥哥便寄来了钱，“9万块，现在要增值50倍了”。在家乡盖楼当然是彰显财力的主要方式，另外一个考虑，就是要靠房产增值。这一投资果然收到了回报。2000年，江珍林见隔壁承启楼每年有3万元固定分红，干脆也把自家土楼租给旅游局，商定租约20年，每年租金2万元。旅游局的条件是，把居民全部迁走，包括江珍林的儿子，这里用作旅游局办公室，只有江珍林和老伴可以留下。

因为不是老祖宗遗产，侨福楼的这2万元钱只是江珍林自家兄弟分成，族人也说不出什么。但私下里议论纷纷：“为了一点钱，把儿子都赶走了。”第二年江珍林的老婆死了，第三年他的第三个儿子死了，议论更多了，甚至联系起侨福楼里展出的墓碑，“把鬼请到房子里了”。

变异的宗族向心力

承启楼和高北土楼群的申遗成功让出走的族人们看到了新希望，土楼又形成了商业化向心力。江恩庆的孙女江秀平在广州、上海高不成低不就地闯荡了几年，经历了一场失败的短暂婚姻之后，回到了承启楼里，和爷爷一起做些旅游接待工作。而江恩庆口中那个“吊儿郎当的年轻人”江贵平，水电中专毕业后不喜欢本专业，接下了父亲承启楼导游的班，2002年旅游局下属负责土楼旅游的“国投公司”成立时，他竟然瞅准机会，成了一名其中合同工，开始推广土楼。

但土楼里的规则已经不知不觉中改变了。1996年曾破釜沉舟和江胜安一起承包承启楼的江龙济已经感受到了这种变化，他自己的二层小楼“云龙居”紧邻世遗保护区边线，因此被保留下来，他号称“固守长城边关”，经常一个人在屋里拉二胡。在这里，宗族的某些传统并没有随着时间而消失，江龙济不太会讲普通话，有时就用笔写，他从右向左写字，繁体，甚至拿圆珠笔的姿势都是握毛笔的姿势。江龙济说话的时候，侄子江汝洋和妻子就恭敬地站在旁边，江汝洋偶尔附和一下叔叔的观点，他的妻子一句话都不说，只是不断给叔叔端茶。

江龙济提起屏风的被盗就生气：“‘破四旧’时，让江家人拿屏风出来烧掉，别人都不敢说话，就我站出来说‘不’，结果被定为反革命分子、封建头子。”当年江龙济把老祖宗最珍贵的屏风、牌匾藏在五云楼四层的暗棚里，就算是大队书记要爬上暗棚，也遭到了他的恐吓，侥幸躲过一劫。结果到了开发旅游时，把匾和屏风都拿出来了，竟然就因为这个失窃了。几块匾原来都在最老的五云楼挂着，一块“世德书香”拿到承启楼去了，后厅还有两块，“兄弟选魁”分给了承启楼，“邦家之光”分给世泽楼。“当时我们和南靖县争旅游景区，五云楼的匾就拿到承启楼和世泽楼了，都是一个老祖宗，要顾面子。”

五云楼就在承启楼隔壁，却鲜见游人的踪迹。这座楼在1982年就被定为危楼，里面的人纷纷搬走。如今楼里满是断壁残垣，四周用数米长的木柱支撑，族人都担心，来一场大风它可能就倒塌了。江龙济说，人搬走才是楼迅速老化的根本原因。

江汝洋是五云楼仅剩的3个居民之一。几年前侄子们分家，原来和哥哥同住的江汝洋没有钱盖新房，只能搬回五云楼老宅，去年才结婚。江汝洋很仔细地收拾这个残破的家，在侧厅和厢房的废墟上种上桑树、龟背竹等植物，供奉观音的香案也被擦得一尘不染，还特地买了一块有刺绣图案的红布来布置。后厅里摆着电视机，他的妻子喜欢在下午时播放京剧的VCD。这对夫妻的邻居是一个快被家族遗忘的人，年轻一代已经叫不出他的名字，只是传说他有60岁了，精神受过刺激。3个人很少互相说话，除了传出京剧声的时候，五云楼十分寂静。

五云楼中厅里摆放着几根漆成红色的木料，正筹划在门口建一座保生大帝庙，就在“文革”中被毁掉的祠堂原址上。修庙是28代长房江和顺一个多月前提出来的，“保生大帝普度众生保平安，正月初八，族里全部的年轻人都要跟着敲锣打鼓放鞭炮到附近大岭下村的保生大帝庙请神。有了保生大帝庙每年就不用去请神了”。但是江贵平觉得这个庙建不建得成还不一定，“五云楼现在是世界文化遗产，在它的核心区建庙要经过世遗办的批准”，

承启楼正门东侧已经用红纸贴出了族里捐款人的名单和钱数，捐款的大约有几十个人，钱数从1000元到几百元不等。表面上看这项公共事业很受族人的支持，可是私下里有人说：“这种

做好事，谁能反对呢？”也有人举出前几年修路的例子表达对修庙动机的怀疑：“承启楼前面那段柏油路造价不过四五千块，实际上用了7000块。不排除是在借机捞钱。”

眼看着自己的后辈带着一拨又一拨的客人进出承启楼，江龙济说自己的状态是“像住在山里隐居一样，看破红尘”。他内心里并不像表现出来的那么潇洒，他竖起大拇指说：“现在承启楼是这个”，然后竖起小指说，“五云楼是这个。”“只知道承启楼，不知道五云楼，可是没有五云楼哪里来的承启楼？”如今江龙济不愿再踏进承启楼，“老人说话没用了”。去年，承启楼里选出了“楼长”，是四房的江家28代江友如，江家最后一位族长——江子平的孙子。承启楼“申遗”已经持续了十几年，近来联合国专家、各级政府官员经常来参观，谁陪同呢？江友如说，这就是他这个楼长的职责了，最近成功申遗后特别忙。

“为了招徕游客，以前很多人都自封‘楼主’，就像我大儿子名片上的头衔。”江恩庆觉得选个“楼长”更正规些，他1996年从工厂书记的位子上退休回家，自认对管理比较内行，他问江友如：“这楼长一职有权利和义务划分吗？”江友如说没有。江恩庆就教导他，那张老祖宗的画像已经被历年祭祖的鞭炮、蜡烛给弄坏了，再过两年字迹都会模糊，应该再找人画上6张，每座土楼祖堂内挂上2张。

江友如说，当时政府提名3人，楼里39人在祖堂投票，他35票当选。但“楼长”不是他的主业，他上半年在楼里，下半年还要出去，继续弹棉花赚钱。在外人看来，江友如的当选，部分原因是因老族长江子平遗留下来的声望，还有他的侄子江贵平的关系。

一方面，江贵平是国投公司员工，他会头头是道地分析："之所以原来作为土楼唯一名片的承启楼不如5公里外的土楼民俗村，除了政府资金倾斜，还因为振成楼在公路里面，游客只有买门票才能靠近；而承启楼就在公路边，又没有旅游配套服务，游客在门口就可以拍照，就不愿意花30块钱进去看了。"他说，明年要把这条路改在对面，而联系46座"世遗"土楼的道路要扩宽为12米，4车道，可以走大巴车。他听说，永定县规划的承启楼旅游偏重学术，"建土楼学院，或者重建一个像承启楼这样的土楼，让游客体验夯土墙的过程"。另一方面，江贵平又是江家人，他觉得承启楼80年代没有开发旅游，是因为政府不会做土楼里的群众工作，"他们只开发像振成楼那样的'漂亮的土楼'，不开发'有文化的土楼'"。

江贵平的双重身份，让两边人都不大敢得罪他，不管是想靠搞旅游赚钱的族人，还是想进一步开发承启楼的国投公司。"但我说的话，他还听。"江恩庆是这么认为的。两家的关系错综复杂，江贵平的弟弟还没断奶就过继给江恩庆做孙子，因为江胜安只有4个女儿，再有钱也是家族里的"困难户"，江贵平的父亲江学昭儿子多，抱给江恩庆一个。这样的事情在同一个宗族里很普遍，江恩庆自己也是被过继过来的养子，生父和养父是同在新加坡打工的朋友，15代前是亲兄弟。养父死在南洋从未见过，但江恩庆仍可以分得承启楼的一份房产。

尽管家族里的年轻人纷纷回到土楼里搞旅游，但大多数只把这里作为工作地。比如江秀平，她乡中心的新房在装修，马上也会从土楼里搬出去。对她来说，居住不便是一方面，另一方面则是族人的私下议论：“嫁出去的女儿，怎么还回来住？”江贵平担心，在“世遗”后的旅游拉动下，承启楼里会有更多人把房子改做旅馆，或者赚到钱后搬出土楼。一个可参照物是振成楼，里面全是商业设施，土楼里活着的遗产——宗族散落了。

江贵平形容他们在土楼里的大家族是“六代同堂，七代见面”，像他这样的年轻人都搞不清辈分，干脆通称“阿公”或者“公太”。即便认不全，江贵平还是迅速把家族里25代到29代的代表聚集在土楼前拍宣传照，包括侨福楼里26代的江珍林，承启楼27代的江恩庆，还有28代的他，五代人看上去一团和气，因为这是为了“我们老祖宗的遗产”。

江氏家族五代人在承启楼前合影

“世遗”西递：乡村的终结？

胡平荪家的房子生了白蚁。这种不见光的“无牙老虎”看不见摸不着，等到发现就已经晚了，只剩下它们的战利品——前厅的一段边梁马上要被掏空，摇摇欲坠。

白蚁在西递不是什么新鲜事。因为这里气候温暖湿润，建房讲究依山盘水，房屋中央设天井，所谓“肥水不外流”，建筑三绝的“木雕、砖雕、石雕”结构繁杂，都为白蚁提供了舒适的生活环境。再加上这些明清古建为砖木结构，这些纤维素高、含水量大的木材正是白蚁口中的美食。安徽省建设厅组织的专项抽查表明，西递124户古民居遭受白蚁的危害率达97%。以往民间有些土方法，比如在房子周围种樟树，利用它的香气引诱白蚁，有些私人防治队甚至可以搞到砒霜集中剿灭。实在不行，蛀空了就换根梁，反正是自家的房子。但2000年底西递成功“申遗”之后，房子就不只是房子了，这些粉墙黛瓦的明清徽派建筑群落是西递的名片。

“这两个传统的古村落在很大程度上仍然保持着那些在20世纪已经消失或改变了的乡村的面貌……”这是世界遗产委员会2000年底为黄山脚下的西递、宏村戴上桂冠的理由，它们也成为中国唯一一项村庄“世遗”。从中国最小的行政区域到世界级遗产，这一大跃进带来乡土社会的嬗变，房子就是一个缩影。

对房主来说，房子既是每年可以坐地分红的资产，也是需要大量投入来维护的遗产。比如“明经胡氏”第31代孙胡平荪继承的“东园”，现在是西递13处民居景点之一，建于清雍正二年（1724年），原为开封知府胡文照的父亲胡尚烹为教子读书所建，游人都会来这里寻找当年胡文照寒窗苦读的书斋。作为第二级景点，胡平荪每年可以得到景点分红费3600元，再加上一笔古民居保护费，按每平方米29元计算，他家的226平方米面积可分得6554元。这样，单从房子一项每年就能拿到1万多元。

针对白蚁，西递村所在地黟县2001年专门在房管局下设了白蚁防治所，汪雪门任所长：“申遗后木料就不能随意更换了，白蚁要两年防治一次，而且必须用环保无毒的药品。”他们发明了

西递村老胡一家

“引诱法”，让沾上进口药品的白蚁去传染整个蚁穴。白蚁的防治按每平方米3元钱收取，一般两三百平方米的房屋两年防治一次，要上千元。西递这一次争取到了一笔防治费，以后希望能推行“三三制”：“政府投入三分之一，房管局投入三分之一，房屋户主投入三分之一。”

胡平荪急于找人来修房子。但现在已不能自己动手，要经过严格的“九套程序”：申请、报送县文物局、现场勘查预算、公示一星期、户主缴纳70%保证金、指定的古建队修缮、文物局验收、退交保证金并补助30%、整理归档。胡平荪抱怨这支指定的古建队价格太高，但他也不敢触碰“古建保护”这条底线。一个屡次被提及的事件是，2001年刚刚申遗成功后，一户私自拆了自家房子，被判了一年刑。

程丹很为刚刚施行的古建修缮九套程序自豪，他是西递镇遗产保护委员会和旅游管理委员会的副主任。他认为，修缮费70%户主出，30%县里出，也是一种“三三制”，因为每年村办的旅游公司利润都会给户主一半。这样一来，古民居户主既是遗产守护者和维修者，又是旅游开发的获利者，把保护和开发捆绑在一起。这种捆绑，一定程度上有赖于西递旅游公司为村办企业，村支书兼任公司总经理。

从黟县刑警大队调到西递镇管委会的程丹仍带着八年刑警的烙印，在景区一路走，一路管。村里人说，程丹是西递的“婆婆”。他2004年刚来管委会时，采取“高压”政策，雷厉风行地撤除流动摊位，确定固定摊位，严格限制商业化的进一步扩大。

保护和开发捆绑于同一主体，使得程丹的管理可以利用一些村规民约，其后他们又改革成“百分制”，“借鉴了驾照的扣分法”。如旅客投诉摊主一次扣10分，私设广告牌扣3分，年底贴出公告公示，与年终分红直接挂钩。

胡琴声在东园里咿咿呀呀响起来了，这是村文艺协会每晚的固定活动，还可以为房主带来一些游客。最受欢迎的当然是黄梅戏，或者来一段豪迈的样板戏。最近又找到黟县方言的咏叹调：“黟县妇人实苦怜，说起苦楚实难言……”这种妇女对丈夫、儿女如泣如诉的“哭唱”在田间地头还能偶尔听到。角落里的拉琴者兀自闭目沉醉，演戏一样的声势左右着会场气氛。后来得知，他就是村支书兼旅游公司总经理唐国强。

西递村戏迷聚会

权威

一座高大肃穆的牌楼立在村口的山水之间，成为西递古建筑群的开篇。这座牌楼是为明嘉靖年间刺史胡文光所建，为西递13座牌坊中仅存的一座，据说“文革”时炸药已经埋进去，因及时刷上了“毛主席语录”而得以幸免。还有那几座因用作粮库而保留下来的祠堂，都是宗法社会的标本——西递是以明经胡姓子孙聚族而居的古村落，这一宗族血缘关系可由明清时期超过90%的胡姓人口显现。直到现在，村里的胡姓比例还高达50%。

一个鲜明的对照是，现在西递的124座古民居几乎全是胡姓屋主，他们在产权上仍延续了祖先的传承。但是在西递旅游运营的主体——西递旅游公司中，却几乎没有胡姓员工。公司的负责人位置，也一直被唐姓占据。宗族权力是如何被替代的呢？

这要回到西递旅游开发的起点。黄山区域最早进入大众视野始于邓小平1979年登上黄山的讲话：“黄山是个好地方，是你们发财的地方。”74岁的退休老人胡晖生回忆，“在这之前，老同志都把旅游看作是吃喝玩乐、不务正业”，邓小平讲话后，安徽才开始把旅游视作一个产业。1985年第一批日本旅行团来西递参观，村里急迫之下让时任黟县党校校长的胡晖生腾出他家的“瑞玉庭”接待，这是村里第一次对外旅游接待。日中旅行社社长武藤真雄的普通话大部分村干部都能听懂，当时的村支书唐茂林与大家合计：“看来外面的人对西递的古民居都是感兴趣的，何不组织起来售票呢？”

1986年，县里成立“黟县旅游资源开发利用领导组”，调西递人胡晖生为专职副组长兼旅游办主任。这一年的10月15日，“西递旅游点”就在村干部的带动下开办了。售票处是公路边临时搭起的木棚子，棚外就是农田。没有钱印门票，就把香烟盒子剪为几块，写上字充当门票；没钱刻售票章，就拿村委会公章代替。没有导游，就请来退休返乡的文化人胡星明培训年轻人。当时的困窘仍留在老村支书唐茂林记忆里：“刚开始办旅游可怜哪，山上光光，地下光光，手里一分钱没有，去县里、市里每个单位讨钱哎。”

就这样，一个十分简陋，并一开始就带着“村办”印记的旅游企业诞生了。1986年刚开业时，门票仅为2毛，后来随着名声越传越远，涨到5毛，1块，2块。1994年涨到8块一张，村民也从这时开始享受到门票收入的分红。1993年9月，西递旅游点升格为西递旅游服务公司，首要人物、村支书唐茂林当仁不让地成为第一任总经理。当年的唐茂林已经有了一些市场经济的意识，与旅行社搞关系系统培训导游员，但他并没有从外面寻找人才，而是直接从村里提拔一些年轻人。当唐茂林1998年底正式退出公司领导层时，西递门票已经涨价到38元，开放的景点达21户。

如今，当年的乡村先行者唐茂林流连于麻将桌上，他在这里重新找到了权威感。“别看他老了，手气可还不错。”村里人说起这位带领大家致富的老支书普遍充满了尊敬，一个例证是，家里人中午经常找不到他，他走到哪一家就被哪一家请去吃饭了。他操着别扭的黟县普通话，说自己没怎么读过书，但15岁就成为村干部，29岁就是生产大队队长，同时兼任村民兵连指导员、村会计、调解员、团支部书记。据说他年轻时很厉害，脾气火暴，但是做人又相当精明。需要提及的是，西递虽以“胡”为第一大姓，但新中国成立后，一方面，随着胡姓能人走出村庄，留下的大多被划为地主；另一方面，周边很多贫苦农民涌入，分享土地和生产资料，胡姓的宗族势力被压制大半。唐茂林家“土改”时迁入西递，他以一个外姓家庭成员的身份，从小便在宗族暗地对抗的不稳定环境中成长，为他日后颠覆村庄权力结构奠定了基础。

提及往事，70岁的唐茂林仍对1998年被县政府一纸公文免职心怀不满。唐茂林认为，这是因为他1997年得罪了县委书记杨震。当时杨震陪同中国市长协会背景的北京中坤公司来西递考察，中坤提出以每年200万元的价格买断西旅公司旅游经营权30年，这比1996年的门票收入多出70万元，同时要求唐茂林和全体村民退出公司经营。唐茂林不想轻易卖掉自己辛辛苦苦搞起来的产业，当场拒绝，双方不欢而散。他至今对当年的果断拒绝很是得意，1997年，西递的门票收入就接近200万元。2000年底被评为世界文化遗产，2007年底的门票收入已达2200万元。

1998年唐茂林虽然下台，仍巩固了自己的权威。他在几个月后把西旅公司副总经理、同时也是自己侄子的唐国强扶上总经理座位。而典型的集体经济人事安排——村干部兼任集体企业经营者，在唐茂林的继任者那里得到了延续：唐国强接任西旅公司总经理两年后，当选为新一任村支书。

至此，西递完成了权力结构的更迭，也完成了传统农业断裂后的成功转型：西递因背靠山区，人多地少，自古以来就有外出经商、求学的习惯，就像西递那副著名的楹联所写：“读书好，营商好，效好便好；创业难，收成难，知难不难。”直到发现了旅游业。但是，是否可以靠旅游业来拯救农业呢？

消逝的乡村

村子的各主要路口都会发现类似的通告：“本户定于10月30日在家杀猪一头，欢迎选购。胡铸生，10月24日。”写在A4纸上，规矩的打印格式。这是在皖南古村落保留下来的“肉讯”：因为没有集体屠宰场，都在家里自己杀自己卖。这种“肉讯”起到两个作用：一是广告，号召大家来买肉；二是监督，相当于“放心肉”。“如果是病猪，怎么敢声张？”

要杀猪的胡铸生家是这天村里最早起来的，他们要赶在来选购新鲜猪肉的村民们起床之前把猪杀好。凌晨4点半，院子里灯点亮，热水烧好，杀猪师傅就是那晚在东园里唱《智取威虎山》的胡冬九。几人抓住挣扎的猪，胡冬九一刀下去切断喉管，猪扑腾几下便没了力气，血流满地。分割一头300斤重的猪血腥而漫长，在热烘烘的气味里，天蒙蒙亮了，陆续有人来边看分割边挑选。一般是三斤五斤，没带现金的就先记到账上。胡铸生家的猪肉切完了，肉也卖得差不多了。一斤肉10块钱，卖这头300斤重的猪，进账就是3000元。这样的一头猪要养8个月左右，卖猪的钱正好可以买下两头小猪。

胡冬九家已经不怎么种田，他现在基本以杀猪为职，“杀一头猪可以拿到三斤肉的钱”。村里只有三个杀猪师傅，忙的时候一天要杀两三头，过年时一天七八头。白天不杀猪，他就在敬爱堂前摆个卖玉米饼的小摊，不时扯开嗓门唱两句。这是2004年确定的周围四个固定摊位中的一个，胡冬九今年抓阄抓到了这个位置。他不是很满意，因为位于敬爱堂的上方，基本上算是旅游团行程的终点了，游人们不会多做停留。

沿一条向西流的溪水，西递像一艘东西长、南北窄的船。村民们习惯以溪水的流向为依据，称方向为“上”或“下”。从下方的牌楼广场出发，游客一般会一路走到敬爱堂，再向上的景点就很少有人走了。遗产保护管委会监察队员胡宇的家就在这上面的仰高堂，属于第三级景点。仰高堂已有400多年历史，是西递仅存的几处明代建筑中的一座。看似二层，实则是三层的“楼外楼”，是古民居中最高的。因大明历法按一楼厅堂面积收地皮税，房子的一层很小，真正宽敞的会客空间在二层，来客可再登三层观景台去欣赏山水。胡宇对这座房子的了解多来自去世的爷爷，胡宇的爷爷曾是刚开放旅游时这房子最热心的导游员，当时的游客络绎不绝，很多人要上三层观景，因老房子承受力有限，上楼要收取1块钱，返还导游5毛，运作得很好，以至于前一拨人从前门进来，就被新一拨人堵住，要从后门出去了。改变源自一个偶然事件，胡宇说，90年代有一批南京客人来，25块钱门票，导游却只带着去看了看牌楼，又带到仰高堂花2块钱观景，被投诉。以后，公司就不允许导游往仰高堂带人，这里也成了虚设的景点。

胡宇说，仰高堂是西递村的一道分界线，一个村子像是分成了两个。之下为旅游区，之上为生活区，“好比一块月饼，只能吃一半”。胡宇家兼容了两种生活方式，去年的景点分红得到2000元，还有8000元的古民居保护费，再加上一家8口的人头分红7200元，从旅游得到的收益就有近2万元。所以他们的2亩多地只是种来自己吃，养4头猪也是供自家过年腌制腊肉的，再养一张半的蚕，收入800元。剩下的经济收入来自胡宇当兵复原返乡后聘用为监察队员的工资，每月只有650元。胡宇说，上面三分之一的村民仍过着日出而作、日落而息的传统农耕生活。比如养蚕户就以他们家为界，上面的都养，下面的都不养。据说，村里2005年修了后边溪，希望引导游客走完整条路线，但不了了之。

对于下面的半个村子，“商业化”，成了每个人都能脱口而出的词。程丹说，2003年，西递接到旅客投诉，“过度商业化”，管委会开始从量上严格限制。但每户都有摆摊设点的愿望，特别是景区里的人家，更是屡禁不止。黟县副县长、西递镇党委书记陶平对这个问题的看法有些不一样，他说：“在村民们还只能糊口的情况下，要他们不准做生意，要一个干净的古村落，简直是不现实。当原始积累到一定程度，让他们自己寻找到其他的生活方式和经济来源，是最好的办法。”

沿着这一思路，西递镇政府希望实现生产和生活的全部转移，以此来保护古民居建筑群的完整性。2003年起，镇政府从农民手中征地建新区和生态园，征得全村耕地的80%。陶平说，古村落不能解决的问题，要靠新区来解决，比如旅游配套设施，百姓新居，行政办公区外移等。镇政府和中学已率先搬出古村落。如今，学建筑出身的陶平回头再看，以工艺园林代替天然农田的水口园林，确实有些人工化。胡冬九对此颇为不忿，他说："我那一块地我就不给……我要立一块牌子在那里，'留与子孙耕'。"

新区带来的后果显而易见，"古村落"和它的生活方式正在被"皖南明清建筑博物馆"取代。陶平预感到，"村民从一产向三产转移，除了身份没有变，其他方面都变了，无论是生活方式，还是生活来源"。他认为这一转变不可避免，现代化生活的渗透性阻挡不住，"我们所能做的是尽量让这一现代化进程减缓"。

夜里11点，村子里漆黑一片，打更声传来。因为村子里都是木建筑，到了冬天有火筒烤火，怕老人迷迷糊糊睡着了，引发火灾。更夫方师傅每晚都要把每一条街巷走上两遍，直到凌晨3点，古村的一天在更声中结束。

外力

乡村的第一代掌权者唐茂林已是一个有些絮叨的老人。他的继任者唐国强在村支书的位置上干了10年，似乎还找不出其他人替代。唐国强虽说是唐茂林的侄子，但从小就在西递由唐茂林养大，算是他半个儿子了。村里人一开始对这一接班并无太大意见，老支书得人心，当时任西旅公司副总经理的唐国强接替他，可保证政策的连续性。

自“世遗”的金字招牌挂上后8年，西递的旅游不如期待中的迅猛增长，村里的不满渐渐多起来。反观一同入选的宏村，与西递形成了鲜明对比。2003年前，西递门票收入1000万元时，宏村还只有100多万元，是西递的十分之一。但此后，宏村一路飙升，现已跑到西递前面，2007年门票收入3000多万元，超出西递1000万元。唐国强认为西递的落后很正常：“宏村肯定比我们多，甚至应该多更多。”他说，现在西递宏村的旅游还要依托黄山，所谓“一统黄山”，以前从黄山下来必须路过西递，2004年宏村的隧道一通，黄山到宏村的路途更近，“一条路把我们卡死了”。

有建筑专家曾评价，如果说西递像国画，宏村就是水彩画，西递要慢慢看才能品出味道来。对于一个多小时走马观花式的旅游，宏村的徽派建筑群坐落在更开阔的山水中，似乎是更好的选择。同样感受的还有占旅游客源一大部分的写生学生，宏村有更大空间让他们吃、住、画。另外，唐国强认为，西递的保护政策更严格，这在一定程度上是以减缓旅游开发的代价换来的。

另一个不可忽略的决定性因素，是宏村旅游的30年经营权被中坤集团买断。当年中坤想要开发西递被唐茂林断然拒绝，转而来到宏村。以开发为首要目的的企业带来了先进的开发思路和管理经验，唐国强曾去中坤总部参观，“阵势很大，我都害怕了”，“每年宣传投入的钱是我们的几十倍”。中坤的导游也是每年更换，员工们很有压力。反观西旅公司，导游大多还是80年代末那一批，“由导游小姐做到导游婆婆”，还捧着铁饭碗不放，“三支香进来，一把香送不出去”。

村集体的政企不分让指令能够在村一级有效传达，但“村办”的人情和思路桎梏又在更大程度上制约了发展。村里人评价唐国强眼睛只盯着门票收入一项，没有扩大到整个旅游产业链条。“比如他错过了90年代的市场化转型。当时县里有家大酒店170万要卖，唐国强不买，现在已经增值到千万了。而且，依托酒店的住宿、旅行社等，可以增收，又可以解决人员分流。”

唐茂林的儿子唐洪武几年前辞去了县交警大队的职务，回到西递，继承父亲1998年开办的凝秀酒家。凝秀设在游线开端，可以接待100多名学生或同样人数的旅行团住宿。作为西递仅有的几家大规模酒店之一，这里每天都基本满房，一个学生包吃包住一天35元钱，每天也有3000多元进账，一年收入几十万元。唐洪武已是一副成功商人的模样，虽然早年有些不顺，“我在村里不说是鹤立鸡群吧，也差不多了，早进了人才库的。但因父亲得罪了县领导而出局。”但现在他不想再参与村里政治，闲时写字画画，或者充当义务的旅游策划人角色，“山上的观景亭就是我的点子”。他有很多超越大哥唐国强运营公司的想法，比如“像华山每年请常昊‘华山论剑’，我们也可以搞”，或者“宏村的楹联是抄袭西递的，当时我建议跟宏村打官司，无论结果如何，都能把西递炒起来。”他建议西旅公司管理层：“至少读一本书，《红楼梦》；看一幅画，《清明上河图》。否则怎么能把徽州文化旅游搞活？”

公司的改革势在必行。用陶平的话说，是“更换西递旅游的火车头”：“更换发动机，建立快速便捷的轨道和站台——体制，更换已经陈旧的车厢——岗位，加强乘务员的管理——人才。”唐茂林坚持，改革不是改制。“如果改制，我第一个反对。”这不仅是因为国家2005年已禁止遗产地经营权的转让，还因为西递的村集体模式在分配上的公平性。西递的分配模式更大程度上兼顾了村民的利益，以2007年为例，门票收入2200万元，除去20%交给县里的文物保护资金和17%的税收，剩下税后利润660万元。其中西旅公司拿去50%，330万元，剩下的330万元给村里，280万元直接分给农户。这其中，景点按三级有分红费，还有根据房屋的不同等级的古民居保护费，每平方米29元。此外还有按人口分的人头分红费。而公共费用，如养老补助费、有线电视费、人身意外保险、财产保险、合作医疗，都由村集体代缴。这一分红比例远远高于宏村模式，西递旅游收入的大部分留在了本村。程丹认为，公司亟待引入现代企业的经营理念和经营模式，但不能转让，可以入股，或聘请职业经理人。

西递村民的见闻已不再局限于单纯的乡村景象。山上的古驿道间开出一条自行车赛道，10月底各地车友呼啸而来，11月初摄影节又要开锣。小村商业的初级和单一，引得众多外来者想要来掘金。世遗保护区内严禁新建，仅剩的几块空地，成了掘金者觊觎的对象。阅历丰富的原刑警队长，现身处遗产和旅游管委会副主任角色的程丹，自然成了这一切的交会点。“比如供销社，是做成艺术馆，还是博物馆？在适合的项目出现之前，宁可空着。”

乡土

9岁时，作为一名童生，胡晖生参加了家族的最后一次祭祖。抗日战争快要结束，内战即将开始，自那以后，西递明经胡氏的祭祖仪式就消失了。仪式在家祠“锄经祠”举行，家族里很多人出去经商了，参加祭祖的有100多人，族长、房长在祭祀厅两旁垂手站立，妇女们在下面列席参观，现场肃穆隆重。主持人一声“进馔”，成年男丁“礼生”将供品传递给八名童生，童生再传递到上厅的礼生——摆放在供桌上。然后奏乐，宣读祭文，上香祭祖，祝福，读家训。即使在一个孩子的记忆里，祭祖也是一件严肃的大事，让胡晖生知道老祖宗是谁，不忘家训：“诗礼传家，兴旺发达。行善积德，繁荣西递。”

西递几乎找不到还记得祭祖仪式的人了。今年8月，胡晖生被推荐为省级非物质文化遗产“祭祖”的传承人。现有祭祖仪式偶尔会结合旅游举办，但都是旅游公司的人表演给游客看的，真正的祭祖不可能了。像很多胡姓人家一样，胡晖生只是在自己家定期拜祖宗：清明上坟扫墓；七月半鬼节，在家门口烧纸；小年把老祖宗请回家过年，正月十五再送走。

乡土社会中正在消逝的印记，似乎只能通过“非物质文化遗产”的方式固化下来。比如祭祖，比如哭唱，比如“肉讯”。程丹说：“很多老外看到后还要和‘肉讯’合影。但这和领导说不通，已经让我撕过好几次了。其实应该保留，用毛笔手写，会更好。”

宗法社会已不再，但某些宗族精神遗留仍可在乡村事务中起到作用。比如胡晖生任会长的老年协会，由西递179名60岁以上老人组成，一定程度上起到类似宗族社会中的族长和房长的作用，在小家中影响子女，在大家里舆论监督。2002年开始，老年协会每年都组织在村口牌楼处宣誓，承诺对遗产地的保护。

因西递房屋90%以上都是私产，政府无权禁止房屋的转卖或转租。陶平说，现在并无针对世界文化遗产的专门法令，他们只能从营业执照上去控制，不合适的经营项目不批。“好在西递人有一种根深蒂固的思想，祖上的产业不能卖，卖掉了就是败家。”

站起来的城中村？

“正月十五，我们在这座祠堂里连摆两天宴席，每天摆170桌，总共3000多卫氏宗亲来这里赴宴，大多数是广州周边的，最远的从山西来，那里是开创了沥滘村近900年历史的第一代宁远公的祖籍。”看护祠堂的卫本立打开了“卫氏大宗祠”的侧门，平时这座宏大的宗族象征是不轻易打开的，只有正月十五的“贤寿宴”、端午节的“龙船宴”，还有春节和清明的祭祖时除外。

“贤寿宴”终于在中断多年后又使族人聚拢起来，这让原卫氏大宗祠管委会负责人卫本立很欣慰。这是沥滘村绵延数百年的一项传统，因为当初大祠堂拥有6万亩“太公田”，收获所得每年都会分给族人，比如每个男丁分50斤谷子，1斤猪肉，同时邀请60岁以上的老人或者有功名的人来大祠堂赴宴，也以此教育族人尊老爱幼。“当时规定70岁以上的老人可带1个小孩来，80岁以上的可以带2个，90岁以上的可带4个，或者把宴席送到家里。100岁以上的，能捧多少白银就捧多少回家。现在没这么多规矩了，有钱出钱，有力出力，重要的是族人有机会聚在一起。”正堂中央的12座紫檀木屏风也与此有关，几百年过去，屏风上欧体字的金水依稀还在。卫本立说，这是乾隆御赐的祝寿屏风，由清初三朝重臣、一代名相张廷玉撰文，刑部尚书、大书法家汪由敦书写。卫氏第十九世祖卫廷璞是雍正年间进士，官至太仆少卿，乾隆从他口中得知沥滘村当时有103名60岁以上的老人，以此祝贺老寿翁寿辰。

这座明代大祠堂保留了完整的仪门、门楼、前廊、主殿、厢廊结构，占地1900多平方米，如此面积也彰显了当年卫氏家族的地位。“广州有俗语称‘未有河南，先有沥滘’，清代时，这里流传着‘五百年祖德，十三代书香’的美名，一度比民国时才出名的黄埔村更兴盛。”82岁的卫浩然是卫氏第二十三世孙，村里辈分最高的老人。他强调：“单个姓氏在一个村子里能够集中兴建31座祠堂，足以说明家族实力，现在还剩下12座。”更能彰显地位的是主堂匾额“百世周宗”下的燕子斗拱，一层叠着另一层的架构，形如飞翔的燕子。在等级森严的封建社会里，这种“燕子斗拱”是规格相当高的一种建筑形式，只有皇亲国戚或皇帝钦点才能采用，否则就是违反礼制。卫氏大宗祠为什么可以用？卫浩然说，据祖辈口耳相传，它与卫氏十二世祖卫西樵有关，据说他是明代嘉靖皇帝的外孙婿，也算得上是皇亲国戚。他小时候见过西樵祖的祠堂，前面就是这种燕子斗拱牌坊，而且建在仪门的位置上，可惜那祠堂在“文革”时被毁了。

卫氏大宗祠的历史沧桑已被抚平。卫浩然说，在它1993年被确定为市级文物保护单位时，已经破败不堪，面临倒塌。不过，被确立为文物也给了他们信心：这座祠堂应该不会拆了！于是从1996年起，香港卫氏宗亲会捐资20多万元修复，可惜这笔钱只够修复燕子斗拱和祠堂二门，中座和后座内部依然破旧。卫浩然开始牵头筹钱，他了解到旧时广州市粮食局曾用此地做过粮仓，于是和年迈的叔伯找到粮食局筹到5万元，又找到新滘镇筹到3

万元，沥滘村 4 万元。资金仍然远远不够，他联合卫氏大宗祠管理委员会、卫氏宗亲会，动员村内村外卫氏后人筹款，历时 5 年筹得 200 万元。2004 年初，卫氏大宗祠开始了大规模的祠堂修复工程，中断多年的“贤寿宴”也随之恢复。

卫氏大宗祠的幸运只是个特例。仰望它起伏的锅耳墙，龙船脊，东西两翼精美的青龙、白虎像，一面让人感叹祠堂背后的宗族荣光，一面感叹它被城中村内杂乱的“握手楼”包围的格格不入。祠堂门口高挂一副对联“爱江海汪洋陷入番禺开沥滘，羡峰峦秀丽再过东莞辟茶山”，显示了这里曾经紧邻珠江口的山水风光。卫浩然说，大祠堂前本来是一条河涌，因为古人以‘水’为财，祠堂是全村风水最好的地方。可是后来村里几乎所有的河涌都被填了，修路建房。

卫氏大宗祠（姬东摄影）

“我想保住卫氏这条根，但好多人都不怎么理。”卫浩然说，他曾逐间走访村里的祠堂，征询村民意见，一起为保护祠堂出份力。然而村里的卫氏族人只剩不到五分之一，大多数人觉得祠堂拆不拆都与自己无关，有的说祠堂反正闲置，不如拆了换些地，给村民分红。剩下的 12 座祠堂，大多破败或被占用。比如隐居于陋巷内的御史卫公祠，用木板隔出了十几个房间，还有简陋的厨房、厕所。这里住着给村里干活的两拨人，一侧是清洁工，一侧是建筑工。志宇卫公祠变成了周末的书画培训中心，平时则是乒乓球、篮球活动场地。原广州博物馆文物专家崔志民说，这两座祠堂是区级文物，相比较而言还算是状况好的，剩下的祠堂要么濒临倒塌，要么被改成堆满货物的仓库，有的甚至只剩下框架和一块旧牌匾了。崔志民 20 多年前就来沥滘村做过文物普查，他说像这样单个姓氏的明、清、民国三代祠堂建筑群聚集在一个村子里的状况，在整个岭南地区也是独一无二的。卫氏大宗祠修复后，族里成立了卫氏大宗祠管理委员会，想把其他祠堂也纳入管理，但如今村庄命运模糊不清，修复祠堂的愿望也搁浅了。村民普遍的担心是，就算修好了，到时候还是被拆，还不如让它塌掉。

村民们似乎从 2009 年玉溪卫公祠被拆的事件看到了祠堂的悲剧性命运。玉溪卫公祠建于明末清初，当时已经登记成为文物，只是还没有挂牌，位置正好在正在开发的地产项目“罗马家园”地块上。崔志民有些担心，专门去告诉开发商这是文物，不能拆，文物部门也出具了文件。“但第二天一大早，祠堂就变成了一片瓦砾。开发商最后赔 300 万给沥滘村了事。这 300 万他们叫作‘诚意金'，意思是表示有日后重建祠堂的诚意，可这些钱远远不够，重修更是不再提起。”

更大的威胁来自日渐迫近的城中村改造。改造方案模型据说在石崖卫公祠内公示，但这座祠堂永远大门紧锁。据看到过的村民所说，未来改造完成的沥滘村将形成一个滨江高层建筑群，其中回迁房约有40栋，层数都在30层以上，临江还有高档写字楼、酒店等。至于这十几座祠堂，则规划以卫氏大宗祠为中心，在江边集中复建一个祠堂群落。在崔志民看来，将祠堂集中在一处是破坏文物的做法。他建议：“沥滘原有很多河涌，如果将原本涌边的道路凿开，恢复沥滘村水乡面貌，再种上树，修复那些古色古香的宗祠，镶嵌在高楼大厦中，岂不是景观与效益共赢？”

祖屋之上的廉租屋经济

现在的沥滘村，已经很难让人与800年的“岭南水乡”联系起来了。乘坐地铁3号线或者广佛线，都可以很方便地到达这个广州南北“中轴线”上的城中村。广州新的商业金融中心珠江新城的建起，更让这个只隔4站地铁的区域地价水涨船高。沥滘村边的罗马家园，房价已经涨到每平方米2万多元，滨江的房子更是涨到了5万元。在几个茶叶城、布匹城等批发市场的包围中，一座复古牌坊才将村庄标示出来。进入村中，顿时觉得分贝提高了不少，来自于横跨村口的高速路，再加上若干市场、商铺的轰炸。往里走则是三四层的“握手楼”“接吻楼”，密不透风。村民卫启峰说，沥滘村位置前些年并不是太中心，还不算太典型的广州城中村，要是到天河区中心的石牌村去看，更高、更密，房子怎么也要盖到六七层。

之前想象的水乡元素——祠堂、老屋、河涌、榕树、码头，都已经是这座城中村里的非典型景观，只有当地人才能把面目全非的它们指认出来。卫启峰说，现在脚下的很多路掀开都是河涌，原来有几十条，清澈见底，小孩夏天拿个盆下河捞虾，一捞就是一盆。现在只有村中间还剩一条狭窄的小河涌，通向连接珠江口的码头。码头的两棵大榕树下总是聚集着很多老人，这里几乎是村里唯一超越"租金最大化"逻辑的地方了。

"海、围、田、楼"——卫启峰如此总结沥滘村的演变史。"围海造田是早年的历史了。到了20世纪80年代，种地真是要种到哭。小时候拿一大捆甘蔗到糖厂去换，只能换到一袋糖，所以大家都争着把地给村集体或大队。1992年邓小平南方谈话后，农地被迅速征用。征用补偿现在来看很低，每亩一次性补偿只有几千块钱，每户人家都被征用了七八亩。不种地了，靠什么产出呢？种房子。平均每户的宅基地面积在70多平方米，也就是一分多地，就在这上面创造了'一分地奇迹'，最大化地利用了土地价值，把楼盖到6～8层，使拥有的住宅建筑面积增加到400～600平方米，而且建筑从2层以上探出。所以在90年代，村里把几乎所有的河涌都填了，用来修路盖房子，2003年'非典'时期以蚊子滋生传染为借口，又填了几条。"

卫启峰就属于那种被称作"二世祖"的食利阶层。他每天不

广州沥滘村小河涌

用上班，在家坐收房租就可以过得舒舒服服的。他说，现在沥滘村村民家庭经济来源主要有三大类，一是出租屋收益；二是集体经济的股红分配；三是少量的工作收入。在这三者中，屋租收益又占最大比例。卫启峰的父亲有6个兄弟，因为3个伯父没结婚，本来要分7份的房产现在只要分成4份。90年代初，他们家也把祖屋的一部分和前后花园都拆了，盖起了几栋4层高的贴砖楼房，他和父亲分得四分之一，1100多平方米。如今依托村周边几个大批发市场，居住、仓储、加工业等出租需求旺盛，每月每平方米的租金能达到20多块钱，这样他们每月就坐享2万多块钱进账，和父亲对半分的话，他个人也有1万多块钱租金收入，一年就是十几万块钱。另一部分收入来自沥滘经济联合公司的分红，卫启峰很幸运，他所在的第11分公司因为有好几个赚钱的市场和仓库，在全村19个分公司中是效益最好的，他每年能从中分到3万多块钱。

归根结底，卫启峰他们都信奉“土能生财，地能生金”。因为沥滘村地处市中心的区位优势，再加上宅基地不能被国家征用，形成了这里独特的“廉租屋经济”，在此之上的土地占有量也让村民有了明显的分层。卫启峰说，这基于几次转折时不同的个人选择。第一次是80年代，种地不赚钱了，村周边开了一些企业，那时候很多人以去工厂为荣耀，也就主动放弃了农民身份转为市民。随之他们就真正进入了城市，只留一间祖屋在村里，也没有过度加高房屋。这其中尤以卫氏族人居多，因为他们大多受过良好教育，有机会、也有意愿出门去闯。像卫启峰的五伯父和七叔，都搬去了城里，他们的儿女长大后又纷纷移民海外。这样的趋势下，卫氏在沥滘村人口中所占比例越来越低，很多周边村庄的人借机搬到了这个中心村，卫氏宗族在沥滘村实际事务中的发言权也越来越低，宗族渐渐成为一种隐形的存在。另一次是广州城中村实行股份制改革，村集体的行政职能转交街道办事处，经济职能则由村各大队合组成经济联社，后改为经济联合公司，村民成为股东，参与公司分红。但不是每一个有房屋产权的人都能成为股东，卫启峰说，这要看他当时还是不是农业户口，这就与第一次选择相关联了。因为沥滘村大部分人都已经搬到城市或移民，所以3万多有房屋的居民中，只产生了4000多个股东，每人40多股。分红多少也取决于各分公司对土地资源的占有和利用，卫启峰所在的分公司之所以效益好，也是因为当初的大队看到了土地的潜力，坚持不卖地，贷款去建了市场和仓库。而那些当初卖地的大队，现在年收入最低的只有几百块钱。

卫启峰明白，建立在“租金最大化”逻辑之上的收入提升就是要靠多建房子。不过，他家还保留着一间光绪年间建的老房子，不但房子分毫没动，就连里面的全套家具、器物甚至字画等都原样保留，简直是一个天然的民居博物馆。在沥滘村甚至广州市，这样的老房子还找得到，但家具保留这么完全的，就屈指可数了。这房子是卫启峰曾祖父结婚时建的，典型的岭南三间两廊结构。厅分三个：正厅、偏厅、院厅。卫启峰听父亲说，爷爷卫瞬庭一度是国民党时期的“伪乡长”，订立的规矩也严格，父母每天一大早要去二楼的神厅上香，子女给父母敬茶，来了客人，要根据他的来头决定在哪个厅招待。祖屋里还有酸枝木的龙床，坤甸木的桌椅，价值几十万元的瓷器，甚至还保留着全套农具。到了卫启峰父亲这辈，祖屋被七兄弟继承下来，因为大伯父和三伯父一直没结婚，就留在这里守着祖业，村里大拆祖屋那阵，他们“一根钉子都不让动”。如今两位伯父已经过世，但卫启峰还有表哥在英国，宗族情结重，说什么都不让拆改。算起经济账来当然很不合适，祖屋占地350平方米，加上后花园有500平方米，就算盖3层，也有1000多平方米，这一来每月就少了2万多元租金收入，今后城中村改造的补偿更会因此减少很多。既然不愿拆，卫启峰如今就盼着能把老房子保留下来，当做民居博物馆也行，也好让表哥们回来能找到根。

以土地换改造？

沥滘村民对改造未来的悲观，还来源于自身参与度的不足。事实上，城中村改造已经在实际层面上启动，但村经济联合公司只做过一次房屋普查，并未就改造本身征求过村民意见，而据广州市政府规定，城中村改造启动应征得80%以上村民同意。“我们就这么被代表了。”卫启峰说，听说是由村经济联合公司各分公司派代表投票的，但是分公司并未征求过股民意见，此外除了4000多股民，还有3万左右在村中有房屋产权的居民，他们的权益谁来代表？已是村中少数族群的卫氏宗族和祠堂的利益更是无人维护，卫启峰认为，联合公司内部6个支委中只有一个副书记卫志雄是卫氏族人，不过他也仅仅起到一个象征作用。

城中村改造的未来，是有先例可循的。最具代表性的就是2007年珠江新城沿江中心地带的猎德村改造，其后甚至形成了广州城中村改造的“猎德模式”。如今，在广州新地标“小蛮腰”的身后，沿江矗立着一排排25～42层的高楼，容积率高达5.2，其高度和密度甚至让珠江新城相形见绌，甚至被人戏称为“站起来的城中村”。如果不是这片高楼脚下几座集中在一起的簇新祠堂，再难以找到一点昔日猎德水乡的影子。

事实上，在珠江新城规划之初，也曾有过“岭南水乡”的想象。原珠江新城总规划师、中山大学地理科学与规划学院教授袁奇峰说，1993年曾就珠江新城的规划组织了一个国际竞赛，中标的是来自美国波士顿的托马斯规划公司，托马斯夫人采用了北美的城市规划理念——“小方格街道”+“中央公园”，还提出要在适度改造的前提下将猎德村的整体格局保留下来，为珠江新城保护一片岭南水乡，可以使久远的水网、古宅、祠堂、龙舟等历史文化要素的记忆融入现代。1993年版的控制性规划、2003年版的规划检讨都延续了托马斯夫人的设想。“但是，中国现阶段文化保护与经济利益之间搏斗的结果几乎是没有悬念的，何况猎德村处在这样一个惹人的位置——滨江。又由于深处珠江新城这样一个十数年未完成开发的大工地之中，村庄住房的出租价值不足以使村民大规模拆除旧宅建设出租屋，猎德容积率相对较低，溢价较大，这也成了另一个惹人的理由。于是当2007年珠江新城地价上涨到巅峰前一秒，终于有开发商看到了猎德村改造巨大的经济价值。政府号召市场主体改造‘城中村’，多年没有一点进展，现在终于有了第一个启动项目，何不顺水推舟？至于村民，穷了多年终于有大把票子可以拿，所以全票通过拆建方案，老房子拆了又何惜？”袁奇峰说。

从拆迁补偿的结果来看，猎德村改造是很有诱惑力的。原则上基本是“拆一补一”，村民房屋回迁安置采用阶梯式安置方法，即按证内基建面积不足4层的补足4层，4层及以上的按证内合法面积安置回迁。村民如需增加安置面积，则要按3500元/平方米的价格购买，也可以选择放弃新增的安置面积，村集体将按每平方米1000元的标准给予补偿。

袁奇峰说，广州城中村改造有两个前提，一是广州在20多年的城市化快速推进时期，城市人口在从100万扩张到1000万的过程中，采取了所谓“要地不要人”的城市化模式，土地城市化了，但农民、农村的城市化被忽略了。农民也得到了一部分经营性用地，结果农民和村庄被包围在城市里面，形成一个镶嵌的格局。这次广州城中村改造启动的直接动力来自上级领导的一句调侃——“广州进了房子像欧洲，出了房子像非洲”，因此，“洗脸”的愿望在亚运会临近之际格外强烈。另一个前提当然是房地产价格的高涨，使得城中村改造成为有利可图的事业。“城中村是政府在城市化的过程中留给村民唯一的赖以生存的资源，农民已经退无可退，所以只能在承认农民既得利益的前提下进行改造，因此这个成本比一般的旧城改造要昂贵。政府长期以来一直不敢动城中村改造的念头，就是因为一旦政府主动，就要有大量的资金投入，动辄要几十个亿。这样高强度的投入，必须依靠引入市场，因此只有在地价达到相当高水平的时候，改造在成本上才是可行的。”

“因此，城中村改造只能是‘帕累托最优’，也就是说，必须在不损害任何一方利益的前提下，在增量部分实现各方利益的最大化。”袁奇峰分析，“猎德模式”就是这样一个“帕累托改进”的结果，即采用土地的“三分法”原则进行改造：三分之一的土地用于村民的安置建设，三分之一用于商业用地的开发，三分之一用于村集体经济预留地的保留。猎德村通过拍卖93 928平方米的商业地块，共筹集到46亿元资金，农民以土地置换资金启动了旧村居和集体物业的改造。为使参与博弈的三方——政府、开发商、农民的改造达到利益最大化，这些地块建设量的只能采用“倒推容积率”法，即根据村民拆迁安置需要确定村民复建房总建筑面积，考虑融资地块的市场价值确定该部分地块上的总建筑面积，最终确定整个改造项目的总建设量。“倒推容积率是在每个城中村改造项目中自己平衡，容易造成个别项目容积率畸高。”猎德改造的结果亦然，“猎德新村长高了，珠江新城变矮了”。由此带来的一大弊端是，政府看似一分钱不用花就完成了改造，但下一届政府肯定需要为这么高的容积率导致的需求外溢进行大量公共设施和基础设施建设，支出大笔财政。因此，袁奇峰将猎德模式形容为“村民得益，开发商得益，本届政府得益，但城市的长期发展受影响，托马斯夫人关于城市的文化想象更是无处搁置”。可怕的是，“猎德模式”成了一台城中村改造机器，产出的都是同一种“竖起来的城中村”。袁奇峰说，当然有避免落入这一陷阱的其他模式，比如政府投入一部分公共建设资金，村集体逐步进行居住改善，只不过这样进度缓慢，在房价高企的诱惑下不容易实现。

沥滘村相当于三分之二个珠江新城。村民认为，它位于广州中轴线上的南大门，比当初猎德村的位置还敏感。据村经济联合公司副书记卫志雄介绍，沥滘村改造仍采用土地“三分法”引入开发商，拟由珠光集团投资28.3亿美元对沥滘村进行整体改造。卫启峰认为，猎德改造是广州亚运会召开前的政府示范项目，谈判双方是猎德村经济联合公司和开发商，但政府也在其中扮演了重要的中介角色，其时机、区位、政策等各方面条件都是最好的，很难想象，政府未介入的沥滘村改造会比猎德更乐观。

事实上，沥滘村不可能再沿用猎德改造时“拆一补一”的补偿标准。根据广州市城中村改造补偿办法《关于加快推进“三旧”改造工作的意见》：“村民住宅回迁面积最多为每户280平方米，超过280平方米的住宅（合法部分）按照每3平方米换1平方米商业面积来补偿。无证（违章部分）住宅建筑按1000元/平方米给予补偿。住宅临迁费按每月每平方米20元标准补偿，按两年建设周期计算。”这也就意味着，以卫启峰为例，他个人现有房屋产权面积560平方米，但改造后只能补偿280平方米面积，折合两套房子，一套自住，一套出租，多出来的280平方米只能按每平方米8000元一次性给一笔补偿款。“未来这里的房价会达到5万元，8000岂不是太不公平了？”另外，他担心没有了周边几个大型茶叶市场、布匹商场的依托，未来的租房需求成问题。再加上可供出租的面积骤然减少，即便单价有所提高，租金总收入肯定会降低。村集体分红的部分，改造后将会解散分公司，由村一级的经济联合公司平均分配，这样原为效应最好的分公司股东的卫启峰收入也会被摊薄。他指出，这样的城中村改造只是让农民‘上楼’，但产业和传统的问题被忽略了，处在农民和市民的夹缝中的新村民们又得考虑别的出路了。“从长远来看，以土地换改造毕竟是一种杀鸡取卵的做法，无论短期利益核算如何，毕竟是把蛋糕切下来一块给了开发商，那部分蛋糕上的土地收益就被永远拿走了。”

上海，张爱玲与郑苹如的命运交叉

直到1978年，张爱玲才将小说《色·戒》收入《惘然记》出版，距离初稿已经过去了30年——“隔着30年的辛苦路往回看，再好的月色也不免带点凄凉。”

李安说，张爱玲的所有小说都在写其他的人和事，只有这一篇在写自己。28页写了30年，她的心中有很多恨意。

作家沈寂注意到小说发表的时间点——当时胡兰成刚刚在台湾出版了《今生今世》。他说：“张爱玲将自己的感情投射在这篇小说里。之前一直不发表，是她对胡兰成还抱有希望。”

同为20世纪40年代的“海派作家”，沈寂与张爱玲年纪相仿，又都是学西洋文学出身，故与张爱玲相熟。李安在上海拍《色·戒》期间曾请教他对这部小说的理解，沈寂说：“《今生今世》里胡兰成说他和张爱玲之前是‘爱情’，而张爱玲《色·戒》中无一字提到胡兰成，但题目点明，两人之间不是‘爱情’，是‘色情’。”李安对他笑说：“我这么拍张爱玲，张迷们看了都要磨刀霍霍了。”

沈寂说，张爱玲将自己对胡兰成的爱恨，投射到同时代的郑苹如刺丁默邨案的“壳”里——《色·戒》故事与历史事件何其类似。这也被许多人认定，但张爱玲辩驳说：“当年敌伪特务斗争的内幕，哪里轮得到我们这种平常百姓知道底细？”

但张爱玲在沦陷时期的身份，并不能完全说是“平常百姓”。南京大学中文系博士生导师、张爱玲研究学者余斌指出，她周围人，有不少都与汪伪人物有来往。比如苏青，更不用说身为汪伪高官的胡兰成，和张爱玲最甜蜜的日子常是“连朝语不息”，以他的名士趣味，这样香艳的话题不会不向张爱玲提起。

还曾有一种说法来自张爱玲的好友宋淇，“这个故事是我在香港告诉她的，我说，我有一个电影剧本的题材，是关于我们燕京的一批同学在北京干的事情，叫‘Spy Ring’，她听了很喜欢。因为题材太曲折，是反高潮，一个抗日的女间谍事到临头出卖了自己人，怕不被一般人接受。但这故事一直在她脑子里”。

30年后，张爱玲在《惘然记》的卷首语中写道：“这个小故事曾经让我震动，因而甘心一遍遍修改多年，在改写过程中，丝毫也没有意识到30年过去了。爱就是不问值不值得，所谓‘此情可待成追忆，只是当时已惘然’。”借一个极端的间谍故事，张爱玲有可能是写她与胡兰成“是原始的猎人与猎物的关系，虎与伥的关系，最终极的占有”。

“这部小说像剥洋葱一样，一层层拨开，结尾藏锋。”沈寂说，“你看电影海报，王佳芝和易先生两人对望，那阴影里的对峙眼神，那是爱吗？是恨。”

“30年前的月亮早已沉了下去，30年前的人也死了，然而30年前的故事还没完。”张爱玲和郑苹如的《色·戒》，发生在20世纪40年代上海孤岛和沦陷时期的静安寺路。

张爱玲，公寓作家的静安寺路

静安寺路就是现在的南京西路，上海的时尚高地。为重现1942年的老上海细节，李安花了2000多万元，到车墩影视基地重新搭建了这条路。沈寂曾来看过几次，觉得这里“第一为真，第二为美，特别是夜景，回到了老上海”，“连路边停靠的黄包车都十分讲究。数字确切的牌号，证明那时拉车载人都需备案，轮胎一律配挡泥板，棚子一律两旁可折叠，方便下雨时垂放。若是三轮车，脚蹬外必裹方皮，不仅美观且骑久了脚也不会难受。若是人力车，必有撑架”。

1942年的静安寺路，也是张爱玲眼中的风景。那一年她回上海，和姑姑同住在南京路和常德路交界处的常德公寓。这种Art Deco风格的公寓在20世纪初蔚为时髦，都集中在静安寺路两侧呈现。如今，在静安寺高楼林立的一角，这幢肉粉色的7层小楼陈旧得有些发黑，墙面上镶嵌着咖啡色的线条，使这幢大楼看上去愈发古旧。临街是些小杂货店，居民们见怪不怪地看着一拨拨来寻访的人。

当年这里属于公共租界，有“中国租界的小拉丁区”之称。公寓面积虽没有花园洋房或深宅大院大，但因其设施现代精致，居住的开支昂贵万分，且都是只租不卖，为防货币贬值，不少都要付美元或金条，故问津者多为洋人及受西方教育的专业人士，如张爱玲的姑姑。1942年到1947年，张爱玲一直住在这里，她说：“公寓是最合理想的逃世的地方。”

走进去，和上海所有老房子一样，门厅斑驳的白墙和暗红的门窗之下，几辆旧自行车随意停着。各家的信箱积满了经年的尘土，散落在右边的墙上。一部嗡嗡作响、需人操纵的浅绿色老电梯动感地维持着公寓曾经的风韵，原来这里是一部英国产的铁栅栏式电梯，上上下下都伴着光影的变化。看电梯的师傅开到6层，指一指左边，“51号就是”。门上有一个玻璃的小窗口，后面用布帘掩着。沈寂曾来过常德公寓几次，他说，房间是两室一厅，张爱玲住在靠近门口的小间，姑姑住在通向阳台的大间，“姑姑的气质和才学都超过张爱玲，是真正大家闺秀的代表”。

公寓转角是宽大的弧形阳台，张爱玲最喜欢在这里俯瞰静安寺路，傍晚看“电车回家”——一辆衔接一辆，像排了队的小孩，嘈杂、喧嚣。深夜，“百乐门”飘来尖细的女声“蔷薇蔷薇处处开”。沈寂说，当时上海已经沦陷，租界里也成日封锁，甚至五天五夜不许进人进车。有一次，一个孩子病了，要出去看医生，结果封锁了足足4个小时，孩子死掉了。这里的生活并不像张爱玲笔下那么悠闲。

从常德公寓漫步过去，十来分钟就可以踱到《色·戒》的场景里：“义利饼干行过街到平安戏院……对面就是‘凯司令’咖啡馆，然后西伯利亚皮货店，绿屋夫人时装店，并排两家四个大橱窗，华贵的木制模特儿在霓虹灯后摆出各种姿态。”这些场景都集中在从陕西北路至石门路的短短200米内，是静安寺路最昂贵的地段，现在也是如此。

“凯司令”咖啡馆开在1025号的静安别墅的沿街铺面，几十年不变。说起静安别墅，原为潮州会馆的墓地，后又是英国人的养马场，1926年由南浔富家张家购得这块地皮。现在仍保留了新式里弄结构，一座座3层红色砖木小楼排列整齐，总弄和支弄垂直交叉。据住在这里的老人介绍，20世纪三四十年代的上海，这里是银行职员的聚居地，“为什么当年叫别墅呢，也得有钱人

静安别墅保留了新式里弄结构

才能住得起，一栋房子要几十根金条”。张爱玲写，汪伪分子易先生挑中这里，就是为了“不会碰见熟人，又门临交通要道，真是碰见人也没关系，不比偏僻的地段使人疑心，像是有瞒人的事”……

“凯司令”原为上下2层，一个门面做门市，一个门面做快餐式的堂吃生意，正如《色·戒》中所写，“只装着寥寥几个卡位”，楼上情调要好一点，“装有柚木护壁板，但小小的，没几张座”。栗子蛋糕、芝士鸡丝面及自制的曲奇饼干是其镇店之宝。这里是当年电影演员、作家等文艺圈中人常光顾的场所，张爱玲及好友炎樱也常去。作家程乃珊说，《色·戒》里老易对王佳芝说“凯司令”是由天津著名西餐馆“起士林”的一号西崽开的，这话不错，实际上是3个西厨在20世纪30年代初合资以8根大金条开出的。3个人中有一位叫凌阿毛的，是当时上海滩做蛋糕最出名的西饼师傅，原在德国总会做西厨。中国人从来喜欢“宁做鸡首不做凤尾”，就与朋友合资开下这家咖啡馆，取名“凯司令”，确因当时有一名下野军阀鼎力相助他们拿下这两个门面。当年静安寺路上沿街门面不是出了钱就可以租下来的，这些公寓的大房东十分势利眼，一看3个老实憨直的上海伙计要在这里开咖啡馆，怕砸了这一带店铺的牌子，不肯租给他们。是这位军阀以他的名义帮他们拿下这两间门面，店名便以一句笼统的“凯司令”以致感谢，意蕴长胜将军，还可暗喻自己店铺在商战中金枪不倒。

“凯司令”现在仍坐落在南京西路原址，沿马路的玻璃幕墙十分现代，门面扩大了几倍，咖啡座移到了3层。现在的布局变化很大，原先的圆桌变成了长方形桌子，先前的封闭式木质结构变成了现在的大玻璃落地窗。只有房顶缓缓摇曳的金黄色吊扇可以觅得几分老上海的味道，几个“老克腊”临窗而坐。

“凯司令”斜对面的南京西路石门二路西北角，德义大楼下面，是“绿屋夫人时装沙龙”旧址。德义大楼1928年起建，正是装饰艺术派在工业和建筑设计中最流行之时，墙面采用褐色面砖并镶嵌图案，立面还有饰带和4座人像雕塑，底商多为奢侈品专卖店。现在，“绿屋夫人时装沙龙”无处寻觅，据说，当时的“绿屋”是上海顶级服装店，经营策略十分独特，从衣服、鞋帽到各种配饰一应俱全，任何一个女子走进去，出来就能从头到脚脱胎换骨，但代价也是非同一般的昂贵。

郑苹如，万宜坊的美艳“女特务”

沈寂第一次来到常德公寓，是由与张爱玲相熟的吴江枫带来，谈话之际，从里屋出来一位男子，一身纺绸衫裤，折扇轻摇，飘逸潇洒，坐在一旁默默聆听。在路上他问吴江枫：“看张爱玲的神色，似乎并不愉快。”吴江枫笑道：“她不愉快，是因为我们在她家里看到了她的秘密客人胡兰成。”

常德公寓是张爱玲公寓生活的华彩段落，不只是在创作方面，还有和胡兰成的恋爱。沈寂说，当时张爱玲与胡兰成的恋爱关系，虽未公开，可在文化圈内已有传闻。在熟悉的朋友中，都暗暗为张爱玲惋惜：“怎么会爱上这样一个大汉奸？”沈寂觉得，在当时的上海，作家都在写救亡图存主题的沦陷区苦难生活，唯张爱玲却无政治意识地写公寓生活，也是异数。

胡兰成当时是汪伪政府的宣传部次长，对中统内部的一桩奇案——郑苹如刺杀丁默邨事件十分清楚，而且，这个案子的插手人之一、政治警卫总署警卫大队长吴世宝的老婆佘爱珍，还是他的情妇。胡兰成当时所处的特权阶层生活也为张爱玲提供了《色·戒》的素材：比如“一口钟”和“黄呢布窗帘”。上海档案馆编研室陈正卿研究员说，20世纪30年代一直到新中国成立前，国民党高官的姨太太们总爱穿黑呢斗篷，以显示自己的威严和权势。而孤岛时期，日本人控制着上海的货币，导致货币贬值严重，物价飞涨，布是紧俏商品。据说，当年汪伪部队找不到真正的黄呢子做军装，就到乡下收购黑麻布，回来用土黄色的颜料涂一涂做军装。小说中写到“易先生”用厚厚的黄呢布做窗帘，算得上是相当奢侈的了。

郑苹如住在法租界法国花园一带的万宜坊。当时汪伪政府中的媒体巨头金雄曾与郑为邻，形容说，万宜坊“活跃如邹韬奋，美艳如郑苹如，都是最受注意的人物”，而且，郑的玉照上过当时发行量最大的《良友》画报1930年总130期的封面。上海社科院文学所陈惠芬说，《良友》画报刚开始有些鸳鸯蝴蝶派的气质，只要长得漂亮，在交际场上还算活跃，家境算得上中产，就能成为封面女郎。郑苹如的侄子郑国季在南京路上的王开照相馆找到了姑姑的照片，还是照相馆仓库水管爆裂时偶然发现的。王开照相馆副经理孙孟英表示，20世纪三四十年代王开辉煌时，很多明星来这里拍照，也是《良友》画报封面女郎的定点拍摄地，“拍一张要6块大洋，当时可以吃一桌酒席”，但王开拍照并不收钱，作为回报，明星们同意把大幅照片挂在橱窗里。

郑家从日本刚刚回到上海时，住在顺昌路太平桥附近，很快就搬到了重庆南路的万宜坊。陈正卿说，万宜坊离淮海路近，这里外国侨民多，复旦大学的前身震旦大学就在附近，而紧邻的淮海路更是当年洋人们喝咖啡泡酒吧的一条街。而张爱玲居住的静安寺路上虽然商业繁华，但各色人等都有，鱼龙混杂，要比淮海路低一个层次。当年一个名牌大学毕业生刚参加工作的月工资是40银元，做到中层以后到100银元，方可支付得起一层楼的租金。而郑苹如家独住一幢3层楼房，父亲月工资是800银元，在当时也算得上是富户人家。

孤岛时期，很多江浙一带的乡绅富豪都逃到上海租界来，带来了很多钱，加之人们对明天的命运并没有把握，即便在公共租界里也并不是百分百安全，日本巡捕要当真来抓人也没办法。所以，当时富人们大多过着醉生梦死的生活，今朝有酒今朝醉。据统计，孤岛时期的上海，酒店的数量和营业额都超过战争前，而全上海舞厅多达200多家，更是创造了娱乐业的巅峰时刻。郑苹如的侄子郑国季说，郑苹如长得漂亮，又开朗活泼，成了小有名气的交际花，经常出入于百乐门、仙乐斯等上海滩著名的舞厅。

郑苹如算得上是万宜坊的活跃分子，但父亲的管教也很严格。郑国季说，邻居家有把电吉他，一天，郑苹如提出要去学，但父亲不答应，为此郑苹如还把自己关在屋子里哭了鼻子。“但是，只要涉及为国家做的事情，什么都可以牺牲，父亲并不多过问。”后来，郑苹如结识丁默邨后，曾有几次，丁默邨用自己的车把郑苹如送到万宜坊的家门口，郑苹如让丁默邨上家里坐坐，但丁出于警觉，每次都推脱了。

万宜坊看上去并没有什么大变化，仍旧是乳白色的石灰墙，星星点点的突起上挂满了尘土。万宜坊1928年建成，也属于新式里弄房，稍逊于花园洋房，但因为有独立的卫生间，从结构上说比老式里弄房好得多。当时这里居住了很多文化名人，邹韬奋住在53号，往里走不远，88号就是当年郑苹如的家。现在的2、3、4层住了陈先生一家，1998年买下来的房子，若在当年要四五十万银元。屋子结构都没变，窄窄的木楼梯旋转而上，绛红色的油漆并没有脱落的痕迹，2层到3层的拐角处是间小格子间，据说是当年佣人的房间。跟随父母从日本回国后，郑苹如的大部分时光都在这里度过，3层就是她的房间。站在阳台上望去，可见一排排整齐的小白楼，而暗黄色的铜栅栏更增添了几分西洋气。但陈先生说，电影并没有在这里拍，倒是后来有几家媒体找上门来拍照。讲得多了，他也对郑苹如的家世有了些许了解，只是当时买房时并不知道，“这里原来是中统女特务的家”。

据万宜坊的门卫陈先生介绍，拍摄电影前，李安的确带人来看过万宜坊的老房子，但电影却是在旁边的重庆公寓拍的。位于重庆南路185号的重庆公寓也是老上海住宅的典型代表，原名吕班公寓，当年曾住过美国著名女记者史沫特莱。当年的木地板已经改成了大理石地面，李安就找人重新铺上了木地板。由于当天要拍一幕雨天里地板上有一排皮鞋印的戏，剧组却没人穿皮鞋，于是便拉来了陈先生，让他在崭新的木地板上走了一遭，“电影里那排皮鞋印就是我印上去的”，说起这些，陈先生颇有些骄傲。

命运交叉的场景

1947年6月，张爱玲告别了常德公寓和胡兰成，与姑姑迁居梅龙镇巷内重华新村2楼11号。与常德公寓这种独幢高层公寓相比，重华新村沿街公寓要属次一等，由于上海地价昂贵，营造商就设计出这种里弄公寓：总体布置比较紧凑，楼层一般为3～4层，以一梯两户居多，外观与新式里弄相仿。室内布置没有独立式高层公寓讲究细节，居室面积也较小，讲究实用、简洁，但卫生、煤气灶及暖气装置齐全，并配有壁橱，平面紧凑到不能再经济的地步。这些公寓的住户不少就是楼下店铺的老板，方便照顾店内生意，还有不少为医师、律师的诊所或办公室。1950年后，张爱玲的姑姑想是为了节约开支，才从高层公寓搬到这里，不过因为地处繁华中心，这里的房租仍属相对昂贵的。

20世纪50年代初，张爱玲在上海的最后时光，在黄河路65号的长江公寓度过。淡褐色的马蹄形外形，从凤阳路口一直延伸到黄河路上，外墙上东一块西一块的颜色参差不齐，像是包扎拙劣的伤口。

常德公寓之后，张爱玲没有再次邂逅浪漫，没有回复到抗战前的风光，更没有创作出大批量的作品，这两处住所也像是被人遗忘了。

之后，张爱玲出走香港，再到美国，生活日渐落魄。沈寂说，她在20世纪70年代发展到要“领救济粮”，“用两个箱子当桌子写作”。在辗转中，郑苹如的间谍故事又一次与张爱玲相遇，“一遍遍修改多年，在改写过程中，丝毫也没有意识到30年过去了”。陈惠芬说，之所以这部小说写了30年，也是张爱玲逐渐放下胡兰成的一个过程。当年，即便胡兰成如此辜负她，张爱玲还是在胡兰成逃亡的时候寄给他一大笔钱，帮助他逃跑，联想到胡兰成的身份，这跟《色·戒》里的情节设置是何其相像。《色·戒》很好地体现了张爱玲的感情历程，“虽然很不堪，但关键时刻总会心软”。

郑苹如的真实故事发生在静安寺路第一西比利亚皮货店，“第一西比利亚皮货店里的枪声”也成为人们对“刺丁案”的形象称呼。新店迁至南京西路878号，“凯司令”向东走不远处。门头上的英文“First Siberia”还隐约可辨，只是现在已经并入上海有名的“开开服装”，店里混杂了很多牌子的衣服，第一西比利亚的皮货只因历史记忆而占据一角。店里的墙面上贴满了几十年来的老照片，最早的一张里可见丰富的皮衣皮货陈列，一只豹子赫然端坐在店中央。沈寂说，这里虽然以俄罗斯地名为店名，但其实是一个犹太人开的，所以招牌是黑白的。由于附近已有两家皮货店分别取名“西比利亚”和“西伯利亚”，为了一争高低，犹太人便取名为“第一西比利亚”，并用“虎啸”作商标，果然成了当时上海的皮草大哥大。

陈惠芬说，西伯利亚皮货当时很热门，用皮货做领子很时髦，显示的也是一种富贵身份。但张爱玲生在一个没落的贵族家，从小就没什么荣华富贵，只靠自己的稿费维持生活。所以，看张爱玲的作品，她写衣服、写公寓、写古董家什很多，描写得也很生动，但并没有多提及奢侈品，连胡兰成都说她“并不买什么东西”。与郑苹如不同，这种物质上的丰裕情景只是张爱玲的一种想象。

与西伯利亚皮货店紧邻，是张爱玲《色·戒》中高潮戏的场景——王佳芝突然发觉自己爱上了老易而在紧要关头放了他。程乃珊说，这家首饰店的原型，其实就是张爱玲的好友炎樱家开的，炎樱的父亲是印度人，母亲是天津人。这家珠宝店叫“品珍”，开在花园公寓底层，与重华新村、静安别墅相邻，都属联体公寓，档次要高，租金肯定贵，“但几家珠宝店，总得有点架势”。

这家小珠宝店早已无可寻觅，传言新中国成立前夕炎樱全家离沪，这间店就盘给炎樱父亲的大伙计陈福昌了，“文革”时关闭。沈寂曾跟姐姐进去过，“确实像张描写的那样，楼下卖的大都是假的。阁楼上才是真货，保险箱很重”。不过，沈寂觉得张爱玲并不真正了解钻石的好坏，她所说的“火油钻”是在火油中浸过的，看上去珠光宝气，但真的好钻石并不会这么浸，何况是6克拉的，“我姐姐去看时，听说是‘火油钻’，就不要”。李安也拿着好不容易寻觅到的6克拉戒指给他看：“你看好不好？”他放在灯光下细细看那光晕，说“好”。电影里当然允许假的，但这个引起故事逆转的戒指却不能是假的，这也算是李安的卖点。

故事的最后，王佳芝将老易放走了。“平安戏院前面的场地空荡荡的，不是散场时间，也没有三轮车聚集……”平安戏院离常德公寓很近，张爱玲当时经常到这里看电影，“全市唯一的一个清洁的二轮电影院，灰红暗黄二色砖砌的门面，有一种针织粗呢的温暖感，整个建筑圆圆地朝里凹，成为一钩新月切过路角，门前十分宽敞……”

这座电影院位于高层公寓平安大楼底层。大楼为8层美式公寓，20世纪30年代西班牙驻沪领事馆就设在此处，现在，“那圆圆的朝里凹成一钩新月切过路角的大门”已改成西班牙时装品牌ZARA的专卖店。沈寂说，1943年以前这里放的都是外国电影，李安还专门根据1942年的报纸，找来当时的电影海报贴在剧院门口，其中有《乱世佳人》和《月光宝盒》。

王佳芝在平安电影院前上了三轮车，就一去不复返了……

从异乡到异乡：重访萧红漂泊地

1936年11月19日，萧红在给萧军的信里写道："窗上洒满着白月的当儿，我愿意关了灯，坐下来沉默一些时候，就在这沉默中，忽然像有警钟似的来到我的心上：'这不就是我的黄金时代吗？此刻。'"

那个时候，萧红身在日本，正试图用出走来逃离与萧军的情感困局，同时也想给自己找一个安静的写作空间。隔着时间和空间的距离，狂风骤雨般的爱情和烽火漫天的故国都蒙上了一层怀想的轻雾，而漂泊了那么久，她奉为宗教的写作在导师鲁迅的提携下日益自由，终于可以停下来感叹一句："自由和舒适，平静和安闲，经济一点也不压迫，这真是黄金时代，是在笼子过的。"

仅仅是在笼子里的平安，她也是又爱又怕的。她写信的一个月前，鲁迅逝世了，震惊和悲恸过后，萧红好像隐隐找到了一种悲痛化出来的力量，这是她微小的坚强。事实上，这平安确实是短暂的，不久后，她就不得不提前回国，踏上了更加颠沛流离的悲剧之路。如今去回望萧红对"黄金时代"的感叹，实在是饱含凄凉的。

萧红在本质上是个善于描写私人经验的自传体式作家，文学与人生，是萧红的两条交叉线。这两重世界曾经合二为一，但最终渐行渐远、无法弥合：她在文学中找到了个人价值和心灵自由，像“大鹏金翅鸟一样飞翔”，而在人生际遇上则颠沛流离，终于“跌入奴隶的死所”。作为一个作家，一个有着女性和穷人双重视角的作家，萧红是游离于主流文学而被长期忽略的。而作为一个女人，她与不同男人之间漂泊的感情经历为人长久窥视。如香港作家卢玮銮（小思）所说：“她在那个时代，烽火漫天，居无定处，爱国爱人都是一件很困难的事，而她又是爱得极切的人，正因如此，她受伤也愈深。命中注定，她爱上的男人，都最懂伤她。我常常想，论文写不出萧红，还是写个爱情小说来得贴切。”

将近百年过后，萧红为什么这么红？除了她小说般爱情的戏剧性，还不可忽视她身处的大时代背景，曾造就了一个群体性文学上的“黄金时代”，而萧红作为其中一个女性个体，置身其中不同寻常的道路选择，又构成一重戏剧张力。

中山大学教授艾晓明将萧红写作的时代与弗吉尼亚·伍尔夫分析的英国18世纪之前相比较。“关于妇女的情况，人们所知甚微。英国的历史是男性的历史，不是女性的历史。”她认为，“非凡的妇女之产生有赖于普通的妇女。只有当我们知道了一般妇女的平均生活条件——她子女的数目、是否有自己的钱财、是否有自己的房间、是否帮助赡养家庭、是否雇用仆人、是否承担部分家务劳动——只有当我们能够估计普通妇女可能有的生活方式与生活经验时，我们才能说明，那非凡的妇女，以一位作家而论，究竟是成功还是失败。”

伍尔夫的推理是，只有在法律、风俗、习惯诸方面都发生无数变化的时代，才有妇女写的小说出现。“在15世纪，当一位妇女违抗父母之命，拒绝嫁给他们为她选定的配偶时，她很可能会挨打，并且在房间里被拖来拖去，那种精神上的气氛，是不利于艺术品的创作的。”以伍尔夫的分析来看萧红，她是一个创作的奇迹。在短短的30年间，萧红走过了英国妇女300年里的道路。

萧红的一生都在漂泊，从一个地方到另一个地方，从一个男人到另一个男人。如果从她1933年逃婚出走故乡呼兰算起，到她1942年客死香港为止，短短8年间，她的轨迹遍布各地：呼兰、哈尔滨、北平、青岛、上海、日本、武汉、临汾、西安、重庆、香港。而且，几乎每一个地方，她都经历了多次搬家。可以试图沿着这条轨迹，身临其境去重现萧红的人生，去体察一个女人在那个时代的情感和命运。当然，这条路线不可能在短时间内走完，只能选取其中几个关键节点，从北向南，从呼兰，到哈尔滨，再赴上海，最后去香港。寻访发现，将近一个世纪过去，和萧红有过交集甚至同时代的人都很难找到了，大部分地理遗迹也都面目全非了。纵然如此，辗转走访下来，不禁感佩萧红在短短8年的颠沛流离中的高产，她留下100多万字的作品，其中包括两部诗性悲剧《生死场》和《呼兰河传》、一部讽刺喜剧《马伯乐》，这在和平年代尚且不易，何况是战乱年代。

萧红出生于辛亥革命爆发的1911年，死于抗战烽火中的1942年，正值一个风起云涌的大时代。放在大时代背景下去观察萧红，她在当时的女性群体，甚至是女作家群体中也是让人瞩目的。在“五四”后的一代作家中，萧红因袭的负担最小，也因此形成极具个人特色的自由风格。如果说一开始的娜拉式的逃婚离家还是被动的，后来离开萧军、选择端木并与之南下香港，更是在爱情和民族双重危机下的主动选择。在当时主流文化阵营纷纷奔赴延安的时代洪流中，萧红公开提出“作家不属于某个阶级，作家是属于人类的”，她选择了自由写作，家国想象中的“左翼女作家”标签因此对她并不适宜。萧红研究开创者、汉学家葛浩文评价：“萧红呈现在读者面前的，并不是一种理想化的、充满爱国热情的浪漫的战争图景，而是它对日常生活中真实的人们身上产生的孤独的、极端的个人化的影响。”

萧红曾对好友聂绀弩说：“女性的天空是低的，羽翼是稀薄的……不错，我要飞。但同时觉得……我要掉下来。”现实中，她的确为这份情感和生活方式的选择，在兵荒马乱中付出了生命的代价，至今仍备受争议，这怎么是黄金时代呢？但萧红自有定义：“我不能选择怎么生怎么死，但我能选择怎么爱怎么活，这就是我的黄金时代。”这样来看，每个人都可能有自己的黄金时代。

呼兰河：禁锢与自由的双重世界

在呼兰，萧红故居是十分显眼的。当年的呼兰县如今是哈尔滨下辖的一个区，离主城区有30多公里。萧红故居和纪念馆连缀成一片青砖灰瓦的中式合院，外设围墙和广场，与北方小城里平凡的火柴盒楼房拉开距离。一尊汉白玉的萧红雕像竖立在院落中央，一手拿着书，一手托腮若有所思，坐在台基上俯视着这个她自20岁逃离后就再没回来过的家。“萧红故居1986年就修复开放了，当时国内作家中还没什么人有故居呢。”曾主持修复萧红故居的前馆长孙延林说，萧红研究一开始是“墙内开花墙外香”，开创者是美国人葛浩文，此人是柳无忌的学生，也算是延续了柳无忌的父亲柳亚子与萧红在香港的一段知己情谊。葛浩文在1980年来到呼兰，去了萧红以前的家，看到的是个破败拥挤的大杂院。孙延林还带一些学者去萧红曾就读的龙王庙小学，跟孩子们互动。“萧红姓什么？”“姓萧！”孩子们齐刷刷地回答。这让陪同的人颇为尴尬，但这也成了萧红故居修复的契机。

如今的萧红故居正如《呼兰河传》中描述的：“我家住着五间房子，是五间一排的正房，厨房在中间，一齐是玻璃窗子、青砖墙、瓦房间。”孙延林表示，他们修复时是力求恢复1908年初建时的原貌的，那时候在师范学堂念书的萧红父亲张廷举即将迎娶其母姜玉兰，张家为迎亲新建了五间正房。整个张家大院占地7125平方米，房屋30多间，主人和仆人分居东西两个院落。萧红文学馆馆长章海宁说，这样的规模在当地只能算是中等地主。因为张家祖辈虽是富甲一方的大地主，但主要的家业都在阿城福昌号屯，在呼兰自立门户的萧红祖父这一支并不十分兴旺。章海宁说，张家也并不是一味保守的封建家庭，一个证据是，一进门的堂屋灶台上并没有张贴灶王爷夫妇的神像。当时，绝大多数人家都要贴这样一张画像，两侧还有对联一副：“上天言好事，下界保平安”，横批是“一家之主”。这在20世纪二三十年代的呼兰城里，也算是张廷举顺应维新思潮所掀起的一场不大不小的“文化革命”了。

1911年，萧红出生在东侧第一间房间，祖父遵照族谱给她起名为“张秀环”。据说她出生在端午节，民间认为不吉利，于是她的生日被人为推后了一天。这也让她自一出生就种下了悲剧的因子，但这种说法并不可靠。一个被证实的回忆是，睡前母亲要用裹布缠住她的手脚使其安睡，她总是拼命挣扎，被来串门的大婶看到，说：“这小丫头真厉害，大了准是个‘茬子’！”

这间萧红出生的屋子里保留了很多当年的物件。靠窗一张典型的北方大炕，炕上摆放一个小书柜，一张小炕桌，据说是萧红幼时和祖父藏书、写字用的。炕梢处立一个高抵天花板的被格，分上下两厢，上面镶着透明玻璃，不开柜门也能看见，中间两扇放着被褥，侧面两扇则是枕头，每个枕头顶端都用丝线绣着一个字，分别是“福、寿、祯、祥”。午间的阳光透过炕边的一排窗户把屋里照得亮堂堂的，这些窗户仍是传统的上下对开，上扇雕刻着透笼盘肠图案，下扇中间镶着一大块玻璃，周围一圈则是纸糊的。这些雪白的窗纸曾激起小萧红的破坏欲，挨个去捅破。“手指一触到窗上，那纸窗像小鼓似的，嘭嘭地就破了。破得越多，自己越得意。”她也因此经历了耿耿于怀若干年的第一次心灵伤痛：“有一天祖母看我来了，她拿了一个大针就到窗子外边去等我去了。我刚一伸出手去，手指就痛得厉害。我就叫起来了。那就是祖母用针刺了我。”曾在黑龙江省社科院文学研究所工作的王观泉在这里亲见了难忘的一幕，1981年萧红诞辰70周年时，他组织了包括萧军、舒群、塞克、骆宾基在内的萧红老朋友的历史性会面，大家参观了未经整修的故居后都出来了，唯萧军泣立在萧红出生的炕前，老泪纵横……这情景，立在门口的王观泉看得清清楚楚。后来舒群告诉他，萧军没有来过呼兰，他俩同居直到1934年出关，也没有向呼兰告别。

出了堂屋就是“后花园”，那个在《呼兰河传》里以梦幻般的笔调吟咏着的地方。这里其实是个菜园子，跨过丛生的荒草，依稀可辨各种寻常北方蔬菜：沿着墙种植的是黄瓜、倭瓜和西葫芦一类爬蔓的菜，里面则种着小白菜、小葱、韭菜等，还有黄烟、苞米等作物。此外，园子里还栽种着柳树、榆树、樱桃和李子树，通往正房的斜径两侧，还有小桃红、玫瑰花、山丁子树，给这个季节的满园绿色点缀着跳跃的红。在儿时萧红的眼睛里，这里就是天堂了。那时候，父亲常年在外工作，母亲照顾刚出生的弟弟，祖母忙于家务，只有她和祖父是两个“闲人”，于是便乐得结伴。“祖父一天都在后园里边，我也跟着祖父在后园里边。祖父戴一个大草帽，我戴一个小草帽。祖父栽花，我就栽花；祖父拔草，我就拔草；祖父铲地，我也铲地……”后花园里的一切似乎都是自由的，萧红说起它们来也无拘无束：“花开了，就像花睡醒了似的。鸟飞了，就像鸟上天了似的。虫子叫了，就像虫子在说话似的。一切都活了。都有无限的本领，要做什么，就做什么。要怎么样，就怎么样。都是自由的。倭瓜愿意爬上架就爬上架，愿意爬上房就爬上房。黄瓜愿意开一个谎花，就开一个谎花，愿意结一个黄瓜，就结一个黄瓜。若都不愿意，就是一个黄瓜也不结，一朵花也不开，也没有人问它。玉米愿意长多高就长多高，它若愿意长上天去，也没有人管。蝴蝶随意地飞，一会从墙头上飞来一对黄蝴蝶，一会又从墙头上飞走了一个白蝴蝶。”

张家院子分东西两个，东边的堂屋和后花园归主人居住，西边的园子则作为库房和出租房、粉房、磨坊、养猪房等，中间由一道木围栏隔开。这道围栏是阶级分界的象征物，即使在仁厚的祖父心里，这道分界也不可跨越。萧红后来曾记述过这么一件事，她6岁时上街迷了路，被一个好心的车夫拉回家，她贪玩故意蹲在1米多高的车斗里，到了家不小心给摔了下来。又气又急的祖父不由分说打了车夫一个耳光，没给钱就赶他走了。祖父说：“有钱人家的孩子是不受什么气的。”作为家庭权力象征的父亲在这方面表现得更为明显。萧红说：“父亲对我是没有好面孔的，对于仆人也是没有好面孔的，他对于祖父也是没有好面孔的。因为仆人是穷人，祖父是老人，而我是个小孩子，所以我们这些完全没有保障的人就落到他的手里。”在萧红日后的《呼兰河传》里再现了西院里这些人物：门洞房里住着的是王四掌柜，养猪房里是猪倌，挨着粉房的小偏房里是老胡家，把一个好好的小团圆媳妇给折磨死了，居无定所的有二伯，还有住在磨坊里的冯歪嘴子，老婆死了就自己带刚出生的孩子，给了小说一个“光明的尾巴”。或许因为后来历经苦难，萧红对笔下的这些底层人物饱含深情。她曾对聂绀弩说：“我开始也悲悯我的人物，他们都是自然的奴隶，一切主子的奴隶。但写来写去，我的感觉变了。我觉得我不配悲悯他们，恐怕他们倒应该悲悯我呢！悲悯只能从上到下，不能从下到上，也不能施之于同辈之间。我的人物比我高。”

1919年，母亲死了，后母来了，父亲变了，而祖父越来越老了，萧红的童年在这一系列变故中终结。可以说，萧红的童年世界是分裂的。空间上，正房是文明和旧制度的象征；后花园是自然和自由的象征。情感上，父母、祖母都对她管束严格，只有从祖父那里，让她知道人生除了冰冷和憎恶之外，还有温暖和爱。这分裂的两级，是促使她后来反叛离家的契机。“所以我就向着这‘温暖’和‘爱’的方面，怀着永恒的憧憬与追求。”

萧红母亲去世的第二年夏天，“五四”新文化运动的风暴席卷了整个中国，提倡科学民主，反对封建礼教，其中一个呼声就是兴办女校。这股风气也传播到了北国边陲的呼兰小城，萧红的父亲就是当时推动教育革新的主力。当年秋天，呼兰的一所初小就设立了女生部，校址就在张家北门外的龙王庙内。开天辟地第一回，女孩子可以接受新学教育了，萧红就属于其中的幸运儿。这个龙王庙如今还在，露出拆了一半的屋架。当地人说，20世纪90年代拆了一半，中途突然下了一场暴雨，把拆房人砸伤了。大家都说是龙王发怒，再不敢拆了，逢年过节人们还在供桌上放上一盘水果供奉龙王。庙旁边新建了一所小学，名字就叫萧红小学，《火烧云》篇章在课本里保留至今。

萧红第一次离开家乡呼兰，是小学毕业后去哈尔滨上中学，这也是一次家庭矛盾大爆发后的结果。父亲曾开明地支持她入新式小学，但在她继续升中学的问题上却坚决反对。1927年秋天萧红突然得以入学，她后来坦承："那不是什么人帮助我，是我自己向家庭施行的'骗术'。"这骗术据说是源于当年一件轰动呼兰的抗婚事件。萧红班的班长田慎如长得漂亮，被呼兰教育局王锡山看上了，非要娶来当小老婆。田慎如坚决不从，竟然到呼兰的天主教堂当了修女。这件事对萧红的刺激很大，她专门去教堂探视，被修女阻拦在外。但这件事启发了她，她也声言如若求学不成，也要去当修女，张廷举不得不让步。位于东大街上的天主教堂是一座中间阁楼、两端塔楼，平面呈拉丁十字形的哥特式建筑，教堂前的大树已有100多岁，树下正好遮荫纳凉，吸引了不少票友来吹拉弹唱。他们说，呼兰传教早在1875年就开始了，后来还发生了轰动一时的焚烧教堂事件，现在的教堂是1908年仿巴黎圣母院重建的。去哈尔滨上学后的萧红开阔了视野，对父亲再一次试图通过订婚主宰她的人生自然不从，不惜出走抗争。张廷举一气之下与她断绝了父女关系，甚至把她开除了祖籍。有意思的是，萧红故居里还有一副张廷举找人写的对联："惜小女宣传革命南粤殁去，幸长男抗战胜利苏北归来"。横批是"革命家庭"。后来张廷举以"开明士绅"的身份得以善终，也是这个兼容新旧的人物善于变通的结果。

萧红远走后回望故乡呼兰，这个"最东最北部的小城"并不怎样繁华，只有两条大街，一条从南到北，一条从东到西，而最有名的算是十字街了。十字街上集中了"金银首饰店、布庄、油盐店、茶庄、药店，也有拔牙的洋医生"，洋医生的招牌上，

“画着特别大的有量米的斗那么大的一排牙齿”。可以说，如今的呼兰之所以有名，全凭萧红的《呼兰河传》，因此呼兰人对小说里的文字十分敏感。原呼兰县史志办副主任丁锋一再强调，《呼兰河传》里的呼兰和真实的呼兰不是一回事，呼兰绝不像小说中那么愚昧、落后和封闭。丁锋说，因为松花江向北的支流呼兰河横穿小城，清康熙二十二年（1683年）黑龙江将军衙门在呼兰河流域设八处哨所，呼兰河口是其一。当时骑兵乘船在此登岸，望见山体高若烟囱，呼之为“呼兰”，是满语“烟囱”的意思，此地因此得名。雍正十二年（1734年）建城，随后开辟经由此处的多条水路航线，商业也因此繁盛。因后来中东铁路绕开了呼兰，选择以哈尔滨为中心，才使呼兰的交通要冲地位开始衰落。城因河而兴，也因河而衰。

萧红小时候常去的一段是南河沿，离她家不过几百米。这里曾经是黑龙江剿匪司令部的南大营所在地，民国时驻军司令在这里修建了钓鱼台，坐台上可钓鱼，看河水在台下流过。20世纪三四十年代，呼兰河改道，河水径直向南流去，南河沿成为背河，在大水年份与大河连成一片，小水年份则干涸成水泡子，鱼也钓不成了。萧红20岁离开家乡后再没回来过，十几年后在文字里返乡，以河为小说名，以河水比喻自己的漂泊人生。想起她笔下团圆媳妇的鬼魂，“她变了一只很大的白兔，隔三岔五地就到桥下来哭。有人问她哭什么？她说她要回家。那人若说：明天，我送你回去……那白兔子一听，拉过自己的大耳朵来，擦擦眼泪，就不见了”。

沦陷下的哈尔滨：一个人与一个群体

1927年萧红到哈尔滨求学，终于从小城呼兰进入一个华洋杂处的大都市。据20世纪40年代的《东北地理》记载，哈尔滨这个由芦荻产生的渔村，一变而为北满对外贸易的中心，始于俄国入侵东北之后。尤其是1903年俄国以此为中心修建的中东铁路通车之后，德、英、法等40多个国家和地区的侨民纷至沓来，建工厂、开商号、立宗教，在1931年九一八事变前，俄国人占哈尔滨总人口的20%之多，而且不少是俄国十月革命后失去权势的王公贵族，或者是被剥夺了资产的富商巨贾。20世纪30年代后，哈尔滨的主权被日本侵占，但整个社会，仍遍布“俄化”痕迹。当时的哈尔滨，交缠着现代化、都市化与民族苦难的纠结，构成特殊的地域背景。

今天的哈尔滨，仍保留着鲜明的俄罗斯特征的道路肌理、建筑风貌，甚至生活习惯。中东铁路开工后，中东铁路工程局就按照莫斯科的模式，对哈尔滨进行城市建设。以在秦家岭制高点的尼古拉中央教堂为中心，几条主路呈放射状，行政区也以铁路为分界线，泾渭分明，外国人主要盘踞在行政办公中心南岗区、商业集中的道里区，中国人则分布在道外区周边。当时有民谚说：“南岗是天堂，道里是人间，道外是地狱。”萧红考入的“东特女一中”（东省特别区区立第一中学），就坐落在南岗区邮政街135号。现在，这所学校已经改为“萧红中学”，新建的教学楼中庭摆放着萧红的塑像。所谓东省特别区也是由中东铁路的修筑而形成，沙俄根据《中俄秘约》的有关条款，在铁路沿线设立管理局，还拥有行政、司法等自治权。1920年中东铁路工人大罢工胜利后，路务由中国接管，中东铁路附属地改为东省特别区，首届行政长官朱庆澜，就是“东特女一中”的创办人。当时的校歌中唱道：“莫道女儿身，亦是国家民，养成简朴敏捷高尚德，方为一个完全人。”从中可见其现代思想的办学理念。这样的一所女校，学费不是一般人家承担得起的，萧红所在的班上，就有花旗银行买办的女儿、督办的女儿，还有缠过足又放足的大家闺秀。据萧红同学沈玉贤回忆，萧红那时开始在校报上发表一些散文和诗，用了笔名“悄吟”，她曾对沈玉贤解释，“悄悄地吟咏嘛”。1928年，日本提出在东北强修“五路”以挺进东三省，各大中城市示威游行，萧红和同学们也上街了。她在10年后写文章回忆时，仍迷恋那份参与的热情，又自觉到当时的稚嫩：“凡是我看到的东西，已经都变成了严肃的东西，无论马路上的狮子，还是那已经落了叶子的树，反正我是站在‘打倒日本帝国主义’的喊声中了。”

中学毕业，萧红就逃婚去了北平，做了“出走的娜拉”。据沈玉贤回忆，萧红和她们当时已经在读易卜生的《玩偶之家》和鲁迅《伤逝》一类作品了，她们也都怂恿她出走。出走是容易的，但是，娜拉走后怎样？对于这道易卜生难题，鲁迅做了一个著名的演讲，说娜拉的面前只有两条路：不是堕落，就是回来。“梦是好的；否则，钱是要紧的。”寒冷、饥饿和穷困中的萧红也注定逃不脱这样的命运，她回来了。回到家的萧红立即被家里软禁起来，她再一次找机会逃到哈尔滨，为了“不愿意受和我站在两极端的父亲的豢养”，宁愿选择委身未婚夫汪恩甲。而这一次再回哈尔滨，她彻底与家庭决裂了，跨出了独立生活的第一步。

从道里区跨过铁路去往道外，明显感觉到橘黄色系的俄式建筑在逐渐减少，道路两侧出现了一些亦中亦西、两三层高的小楼，这些是“中华巴洛克式的”。据说这是20世纪20年代一批在道外置地的民族资本家兴建的，他们把道里建筑巴洛克风格的立面搬过来，再添加上蝙蝠、石榴、金蟾、牡丹等中国的传统吉祥图案，而且这些房子大都是“前店后厂”，后面的居住和仓储空间还是中国的四合院式。如今在道外中心区靖宇大街周边，已经连成一片“中华巴洛克”建筑群，这一名词在招商广告牌上随处可见。

位于道外十六道街的东兴顺旅馆旧址就是这片建筑群里的一栋。仔细看看，原建筑其实只保留了一个外立面，内部“马克威商厦”主体高度已经超出了立面，这里现在是黑龙江最大的服装批发市场，里面摊位密集，人声鼎沸。二楼一个小小的房间，是专门保留下来供萧红事迹展示的。管理人员说，“一年损失几百万元租金呢”。据说，当年的东兴顺旅馆规模很大，条件也不错，实木地板就有一寸厚。1931年11月，汪恩甲带着萧红住进来，旅馆老板与汪家相识，他们住了半年多都是挂单消费，最后欠下食宿费400元。汪恩甲以回家借钱之名离开后就再也没回来，身怀六甲的萧红就成了人质。也是在这里，她被侠义的萧军解救，趁着1932年夏天全城特大洪水的混乱，从二楼唯一一个带阳台的窗户下逃了出去。这个窗户也特意被保留下来，在外墙加了标注。

与汪恩甲在东兴顺旅馆的共同生活，萧红此后从未提及。而写于上海的《商市街》，则尽述了“悄吟”与“郎华”——萧红与萧军在哈尔滨开始新生活的片段。书里的地标，都围绕着哈尔滨心脏地带的中央大街，这条欧化了的大街是“东方莫斯科”哈尔滨的缩影。不过，萧红笔下的中央地标，目的不是呈现国际都市繁华活泼的一面，而是隐藏其中的贫穷与匮乏，这也凸显了她对于自己“局外人”身份的失望与失落。尚志大街上的欧罗巴旅馆就位于中央大街附近，这里也是《商市街》里展开的第一个场景。这家旅馆由俄国人经营，里面也充满着俄国情调：俄国女茶房、俄国管事、俄语、列巴圈、手风琴……他们在走投无路的情况下，住进三楼的一个阁楼间。没钱租铺盖，屋里的用品几乎都被女茶房撤走了，此后在欧罗巴旅馆的日子困窘重重。原欧罗巴

哈尔滨中央大街

旅馆旧址现已用作银行，有商家在侧墙处新开了旅馆，仍取“欧罗巴”之名，而且把景观最好的一个房间命名为“萧红房”，内部按民国风格装修，房价为其他房间的两倍。

后来萧军找到工作，他们搬到商市街25号的家，终于不再是这个城市暂居的过客。商市街是与中央大街垂直的一条小街，当时多为中国工人居住。现已改名为红霞街，二萧曾租住的小房子只剩残垣。从外表看，商市街比欧罗巴旅馆更接近人间，“这里不像旅馆那安静，有狗叫，有鸡鸣，有人吵嚷……”但他们的生活仍被饥饿和寒冷笼罩，只得苦中作乐，学电影上那样度蜜月，买了五分钱一斤的黑列巴，上面涂上白盐，还自嘲“不行，不行，再这样度蜜月，把人咸死了”。而萧红的内心也依然与外界隔绝，“是个没有明暗的幽室，人在里面正像菌类生在不见天日的大树下，快要朽了，而人不是菌类”。加之20世纪30年代哈尔滨日本统治、俄化社会、中国土地的背景，也让她受到有形无形的压迫。可以说，在哈尔滨初期，萧红刚刚从乡村到城市，是她对自己、对世界最迷惑和无所依傍的阶段，身份未明，位置未定。

通过《国际协报》主编裴馨园，二萧才逐渐从二人世界走出来，进入了哈尔滨的一个文化沙龙，以冯咏秋家的“牵牛房”为活动中心。冯咏秋的儿子冯羽目前仍生活在哈尔滨，他拿来一张20世纪30年代的旧报纸：一人站在墙面爬满绿叶和牵牛花的平房门口，报纸注释：“图为牵牛房，中立者为‘傻牛’冯咏秋。”冯羽的爷爷是最早一代留日学生，回国后在外交部工作，家里有一定的经济基础。父亲冯咏秋曾在南开中学就读，和端木蕻良是同学，后毕业于北京大学，在《京报》做过记者，向齐白石学过中国画，后来回到哈尔滨，是有名的左翼名士，业余画家。他交际广，家业大，和朋友们组织了一个“冷星社”，就经常到家里来活动。冯羽分析，当时哈尔滨有开放的环境，很多先进的知识分子来讲学，还有敞开的大门——内部的一些杂志、信息都要从中东铁路中转。由于这么一个契合点，成立了很多文化团体，牵牛房就是其一。“这个尚志大街上的俄式木屋是家里的一处房子，当初爷爷买来时是个白俄兽医院，常有牛被牵进来，后来种了很多牵牛花，就叫牵牛房了。”冯羽出生时，牵牛房就已经不在了。这群人以鲁迅为精神领袖，鲁迅对牛的赞美成为他们的座右铭。冯咏秋崇尚奉献精神自称“傻牛”，还给到牵牛房的朋友一人一个“牛”的绰号，老牛、健牛、黄牛……来个新朋友，大家就会说：“又牵来一头牛！”

“萧红写自己第一次进牵牛房，脚冻得都痒，穿着萧军的鞋，鞋带用电线系着。他们看到仆人买三毛钱的瓜子当零食吃，但当时谁知道他们是在吃瓜子充饥呢？写两人买了糖，吃完后比舌头的颜色，那都是什么质量的糖啊，掉颜色掉成那样。所以她完全是草根出来的，在牵牛房遇到了这些人，开阔了眼界。她在这里唱歌、跳舞，还组织维纳斯画会、星星剧团，后来方未艾说《国际协报》正好有一个新年增刊，让她也写写，她就写了第一篇小说《王阿嫂的死》。”冯羽说，萧红后期的好多朋友也都是当年在牵牛房聚会过的，“有些她到上海后认识了，一谈发现又是曾在牵牛房待过的。包括端木蕻良，和我父亲是中学同学，叫我父亲大哥哥，让我父亲教他摄影。”

冯羽认为，九一八是一个契机，给东北造成了苦难，改变了东北人的命运，也改变了一些作家的命运。后来形成了文学史上一个特殊的群体“东北作家群”，就是因为他们在东北亲眼目睹了灾难，亲身感受到做亡国奴的痛苦，在哈尔滨或者沈阳起步，到了以鲁迅为中心的上海发表了相关题材的作品，使内地的人知道了东北的生活，就像鲁迅在给《八月的乡村》序里写的那样。冯羽跟这个群体里的很多人都见过或有过书信交流，如舒群、罗烽、白朗、萧军、方未艾、贾植芳，他们也都是牵牛房的常客。罗烽后来跟冯羽说，表面上他们唱歌跳舞，实际上也提供了一个信息交流平台。到牵牛房来的有地下党，也有民主人士，结构比较复杂。当时谁也不知道谁是地下党。冯羽告诉我，九一八后，牵牛房就比较显眼了。“舒群去了青岛。罗烽和白朗被捕了，他们在保释后才跑掉。走的时候屋里拉着窗帘，电灯都没关，门也没锁。俩人挽着胳膊，就好像去松花江边散步一样。监视的人以为他们就和平常每天一样，没想到那天就跑掉了，打了一个车，到火车站，跑了。”冯羽说，他在1978年见到白朗，她是萧红当年最好的朋友，那时已经有点精神失常。不过她还是第一眼就认出了冯羽，知道他是“冯咏秋的儿子”。“东北作家群”后来大多境遇坎坷，萧红如果不死，也很难想象会怎样。

1934年，萧红和萧军也要离开哈尔滨去青岛了。他们走的时候，冯咏秋给萧红画了一张像，是一张水墨速写，传神地表现出一种梦幻的神态。那画是画着玩的，但萧红一直随身带着，那么颠沛流离，她都带着。还有几张在道里公园的合影，那时候冯咏秋有一处房子在公园里，他又爱摄影，常帮朋友们拍照。现在公园还在，照片里的亭子、小桥也都没变，记载下萧红在哈尔滨的“几个快乐的日子”。萧红最后把这些东西都交给了许广平，现保存在鲁迅博物馆。冯羽说起来有些哽咽：“后来萧军跟我说，这是你爸爸画的画。我当时看了也很感动。萧红这个人很重感情的，兵荒马乱中，她还一直在怀念。”

上海：鲁迅与青年

萧红和萧军去上海，完全是奔着鲁迅去的。因为二萧给鲁迅发出的一封冒昧的去信竟意外得到了回复，他们便奔着一线渺茫的希望去了这个“冒险家的乐园”。而上海，也因为鲁迅，让萧红尝到了立地成名的喜悦。

1934—1937年，在上海断断续续不到3年时间，萧红和萧军就换了6个住所。如今再去寻访，大都面目全非了。前三处都在拉都路上，现在的襄阳南路。曾与萧军、塞克、舒群、梅林、黄源等萧红故交保持多年交往的丁言昭家就在这一带，她告诉我，拉都路当年属法租界，拉都是个旅法华侨的名字，路即以此命名。这条路已经是法租界西南角的边陲，房屋稀少，夹着荒地、菜园和坟地，路上行人很少，显得很荒凉。马路的西半边是煤屑路，东半边是柏油路，在法租界内行驶的22路公共汽车，俗称“红汽车”的，直到1939年才通到这里。据萧军回忆，他们的第一个住处在拉都路北段的一个亭子间，丁言昭寻访断定，应该是拉都路283号。这幢房子是居民住宅，沿马路的铺面砌上了水泥墙，开着门和窗。二萧一安顿下来就给鲁迅去信，希望见面，鲁迅却建议“暂缓”。他们在这里只住了一个月左右，就搬到了拉都路南段的福显坊，正好在丁言昭外婆家对面，411弄。丁言昭告诉我们，二萧住的22号，是在弄堂右转弯的突出一角，属北边的最后一排，面积最小，既没有石库门，也没有天井。据当年来探望的梅林回忆：“他们租的房子是新建筑的一排砖房子的楼上，有黑暗的楼梯和木窗。我探头向窗外一看，一排绿色的菜园映入眼帘。”房间很狭小，只能放下一张写字台和两张帆布床，萧红还用假装庄严的语调开玩笑：“是不是还有点诗意？”

这个时候他们已经见到了鲁迅，鲁迅得知这弄堂里住着几家白俄，还专门写信来提醒：“万不可跟他们说俄国话，否则怕他们疑心你们是留学生，招出麻烦来。他们之中，以告密为生的人们很不少。”还劝慰说：“有大草地可看，在上海要算新年幸福，我生在乡下，住了北京，看惯广大的土地了，初到上海，真如被装进鸽子笼一样，两三年才习惯。”如今再去寻找，411这个门牌号已淹没在一片待建工地中。不久他们又搬到351号。“房子大了，我们就请先生来玩……”鲁迅一家有一天果然来这里做客了，让他们喜出望外。拉都路时期，二萧还未成名，生活困顿，鲁迅就是唯一的光亮。萧红说：“我们刚来上海的时候，另外不认识更多的一个人。在冷冷清清的亭子间里，读着他的信，只有他才安慰着两个漂泊的灵魂。”萧军也回忆，吃过午饭后，趁着冬天中午温暖的阳光，二人常常要沿着拉都路往南散步，有时用去六枚铜元买得两包带糖咸味花生米，每人一包，放在衣袋里，边走，边读，边吃，边谈着。遇到行人车马稀少时，就把鲁迅先生的信掏出来，一人悄声读着，另一人静静地倾听，这是他们日常最大的享受了。

为什么鲁迅和这两个贸然投奔的青年走得这么近？鲁迅纪念馆馆长王锡荣分析，有几个原因。“首先是鲁迅对于青年的态度，总是做着‘愿英俊出于中国’的梦。只要是真诚的、向往光明的、跟黑暗抗争的青年，他态度都很好。前提是必须真诚，他只要发现你不真诚，就拒你于千里之外了。鲁迅对任何新鲜事物、突发事件，哪怕突如其来的打击、背后射来的暗箭，他第一时间往往是不动声色的。但是他会看、会思索、会分析，等事情继续发展，他可能会做出突如其来的反应，其实之前已有积累。他待人接物也是这样，不会一下子就一见如故。鲁迅跟萧红他们接触是1934年，那时候他已经养成了这种‘先看一看’的习惯。但是他对从沦陷区来的遭难的人，第一时间先有一个同情的反应。所以萧军、萧红写信向鲁迅求援的时候，鲁迅的反应是很积极的，第一时间给他们回信了。经过一段时间的书信来往，二萧见到了鲁迅，产生了一种对父亲一般的感觉。因为他们虽然年轻，但是遭受了很多打击和磨难，生活中没有慈父，都是暴君，在第一次接触以后，鲁迅不仅拿给他们二十块大洋，还给他们坐电车回去的零钱，那种未曾经历过的感动就让他们和鲁迅走得特别近。而且他们是东北人，是特别愿意把心掏出来给你的那种，这跟南方青年那种书生气甚至有点矫揉造作是不一样的。鲁迅就喜欢这种坦诚的，他说哪怕你是魑魅魍魉，也把自己的灵魂露出来好。另一个原因当然是二萧本身的才气。他们展露出写作上的才能，鲁迅也很快就帮他们出版书。”

因为题材的敏感，萧军的《八月的乡村》和萧红的《生死场》都是鲁迅以奴隶社的名义私下出版的，还亲自出钱、编辑、写序。鲁迅在《生死场》的序言中对萧红有指导，赞其“女性作者的细致的观察和越轨的笔致”，但也有分辨，指出“叙事和写景，胜于人物的描写”。他后来在回答斯诺访问时，还提到了萧红，认为她“是当今中国最有前途的女作家，很可能成为丁玲的后继者，而且她接替丁玲的时间，要比丁玲接替冰心的时间早得多”。“萧红”这个笔名也在《生死场》中第一次使用，取“萧军”笔名里的姓把两人联系在一起，而“红”大约是女性的表示。虽然是非法发行，但1935年出版的《生死场》很受欢迎。正如许广平所说，这部小说是“萧红女士和上海人初次见面的礼物”。随后的《商市街》等散文，也水到渠成地刊出了。

随着与鲁迅一家交往的增多，他们的家搬得离鲁迅越来越近。从拉都路搬出后，短暂住过一段萨坡赛路，之后索性搬到了鲁迅在施高塔路大陆新村居所附近的北四川路。北四川路，即现在的四川北路，一度聚集了比较多的文化人和地下党人。鲁迅来上海后的几个住处，都没有离开这一带。这附近的文化名人聚集效应，王锡荣分析，一方面是因为20世纪20年代的虹口码头很多，交通方便，是比较早发展起来的区域。另外，这里华洋混杂，租界当局和中国政府共管，实际上又是“三不管”。当时很多共产党人、政府的异见分子，在这里比较有生存空间。还有一个原因，这个地方过来的很多人是留学日本的，像是创造社、太阳社的成员，也有共同的文化氛围。比如内山书店，就是一个以鲁迅为中心的据点。

内山书店旧址位于四川北路2050号，现在一楼是银行，二楼辟为内山书店陈列室。书店由日侨内山完造夫妇创办，鲁迅与其成为挚友。这里对于鲁迅而言，兼具“书店”和“沙龙”两种文化空间的特色。在这里能够买到在中国书店里买不到的书。此外，鲁迅这些人出版的书，当局要查禁，但是在外国书店里卖就不容易被查。鲁迅不方便公开自己的地址、姓名，通信、见面，在这里都比较安全。萧红和萧军第一次给鲁迅寄信就是寄到这里，第一次和鲁迅见面也是在这里。

鲁迅的住处离内山书店不远，就在现山阴路132弄的大陆新村9号。大陆新村1931年落成，鲁迅在1933年携妻儿搬入，这也是他生前最后的寓所。现在的大陆新村，仍保留着红砖红瓦砖木结构的三层新式里弄旧貌。王锡荣介绍，当时这条路是越界筑路，有点变相扩展租界的意思，所以周边日本人很多。路建成后“一·二八”战争爆发了，投资建造大陆新村的大陆银行产生了经济危机，差点倒闭，就把这处房子全部卖掉或者租掉了。鲁迅原来住在北川公寓那边，就在日本海军陆战队司令部的斜对面，战争一爆发，内山完造觉得不安全，就帮他以内山书店店员的名义租下这里，当时的方法是“顶”，就是使用权的转移，但还是要付房租。这里本来是给银行高级职工建的，独栋住宅，每层都有卫生间，还有浴缸，设施比较完善。二萧1936年搬到北四川路后，不用再写信了，“就每夜饭后必到大陆新村来了，刮风的天，下雨的天，几乎没有间断的时候”。

萧红和萧军与鲁迅的接触确实比别的东北作家都多，可以说是“入室弟子”。王锡荣分析，鲁迅接触人有几种方式：第一种是在公开场合，如“左联”的活动、开会这种一般见面；第二种接触是可以作为朋友的，就是喝喝茶，在内山书店见见面；到家里来的，其实前前后后也不过十几个人。而到家里来的人当中，有一部分是只能在楼下的，这叫“登堂”；真正“入室”的，到他楼上房间里去过，看到鲁迅吃饭、看到鲁迅生病的，掰着手指头都可以数出来：周建人、冯雪峰、胡风、瞿秋白、黄源、周文，此外就是萧军和萧红了。虽然鲁迅家有一栋楼，其实他的活动范围很小，尤其是生病的时候，楼都不下。二楼的房间，既是工作室，也是卧室，写字台旁边就是床，吃饭就在房间里。王锡荣认为，二萧都有东北人比较粗放、随便的一面，不过萧红的性格相对内向、忧郁、细腻，还有点小孩子气。所以在那么多回忆鲁迅的文章中，她是写得最好的。全是零散的生活细节，几乎都是旁人看不到，而且写不出来的。她就根据平时的观察和从许广平那里了解到的，写得好像是鲁迅家里人一样。女性笔触下那种带感情的白描，特别容易让人感动。

在祖父带走了童年的“温暖”和“爱”之后，萧红又在鲁迅先生这里找回了。很难分辨萧红对鲁迅具体是一种什么样的感情，应该是弟子、友人、晚辈的感情兼而有之。萧红曾经问过鲁迅一个很有意思的问题："先生对青年的态度，是父性的，还是母性的？"鲁迅回答："我想，我对青年的态度，是母性的吧！"

香港：与蓝天碧水永处

萧红后来选择去香港，朋友们大多是不理解的。那时候文化界人士有两大去向：北上，或者南下。1938年前后，东北作家群里的很多朋友都北上去了延安。而萧红刚刚离开萧军，与端木蕻良在一起，两人决定南下武汉，后来又到重庆。这个决定里或许有躲避萧军的因素，也有寻找长久写作地的想法。丁玲日后十分遗憾她没来延安："她或许比较我适于幽美平静，延安虽不够作为一个写作的百年长计之处，然在抗战中，的确可以使一个人少顾虑日常琐碎，而策划较远大的。并且这里有一种朝气，或者会使她能更健康些。"重庆被轰炸后，他们决定直接去香港，希望至少能有一段较长的时间，可以写出作品来。据端木第二任妻子钟耀群回忆，端木当时还顾虑内地正热火朝天地抗战，去香港是否合适。萧红则认为，一个作家的任务，是写出好作品，这就是对抗战的贡献，其他都不重要。所以端木蕻良说，创作，是萧红的宗教。

萧红和端木蕻良1940年到香港，先在九龙尖沙咀金巴利道纳士佛台找到一间住房，不久搬到不远处大时代书店隔壁。一年过后，再搬到乐道8号大时代书店二楼。这些地方如今已经被海港城和弥敦道包围，成为九龙最热闹的商业中心，书店早已不在，旧居也被酒店和商厦取代了几轮。他们的生活如此清贫，以至于从几步之遥的半岛酒店过来探望她的美国女记者史沫特莱坚持要她搬去同住。时代书店创办人周鲸文后来也在回忆文章里写道："他们住一间200英尺左右的屋子，中间一个大床，有个书桌，东西放得横七竖八，还有一个取暖烧水的小火炉。萧红就躺在那张又老又破的床上。"

此时的香港是个孤岛，也像萧红自己一样，踏入了命运的绝境。她在给好友白朗的信里不再掩饰："不知为什么，莉，我的心情永久是如此的抑郁，这里的一切景物都是多么恬情和幽美，有山，有树，有漫山遍野的鲜花和婉转的鸟语，更有澎湃泛白的海潮，面对着碧澄的海水，常会使人神醉的，这一切，不都正是我往日所梦想的写作的佳境吗？然而呵，如今我却只感到寂寞！"无论如何，在香港暂时放下了一张书桌，她也惊人地高产，几部巅峰之作都是1940年1月到1941年6月间在香港写下的，包括《呼兰河传》和《马伯乐》。如香港中文大学教授卢玮銮所言："她仿佛早已预知时日无多，要拼尽气力，发出最后又是最灿烂的光芒。"

"如果说《呼兰河传》是萧红在最南方的香港对最北方故土的一次精神返乡，那么长期不为人重视的《马伯乐》，则是以男权社会为讽刺对象的。"黑龙江省萧红研究会副会长叶君说，《马伯乐》是受鲁迅启蒙思想影响的一部作品，但启蒙运动在20

世纪20年代批评国民的劣根性，后来没继续下去，到了40年代，被批判对象都上战场了，启蒙就有些不合时宜了。他认为，《马伯乐》里面也有萧红对身边男人的影射，有针对萧军的，比如对“作家上战场”的讽刺；也有针对端木的，特别是马伯乐身上见着麻烦就想逃避的性格，口头禅就是“明天该怎么办呢”。等到萧红不久后因肺病在香港去世，最后在她身边的端木蕻良就成了众矢之的。

与萧红有过交往的人多已不在，1948年来港的作家刘以鬯是其中之一，他一直关注东北作家，特别是端木蕻良的文学创作。他已经96岁，仍脊背笔直，步伐稳健，每天在家附近的太子城吃个午饭，之后与老伴分头在商场里散步，逛逛感兴趣的模型、书籍、文具，看见街景对流、巴士对开的情景仍想构思小说。谈起萧红和端木，具体细节他已经记不清，但不断强调：“文字上我最中意端木，其次是萧红，对萧军就不太欣赏。”他1975年专门就端木与萧红在香港的经过，访问过当时与他们往来最多的周鲸文。周鲸文说，端木是文人气质，身体又弱，小时是母亲最小的儿子，养成了“娇”的习性，先天有懦弱的成分。而萧红小时没得到母爱，很年轻就跑出了家，她具有坚强的性格，而处处又需求支持和爱。这两人性格凑在一起，都有所需求，而彼此在动荡的时代，都得不到对方给予的满足。

萧红临死时说：“我将与碧水蓝天永处，留得那半部《红楼》给别人写了。”她叮嘱端木：“要把我埋在大海边，要面向大海，要用白毯子包着我……”端木到古董店买了两个花瓶，为安全计，把骨灰分为两部分，一部分埋在了浅水湾，一部分埋在了她死时所在的圣士提反临时医院。

香港中区坐车去浅水湾要一小时，从水泥森林到碧水蓝天，好像到了另一个世界。浅水湾如今是著名景点，夏天沙滩上有戏水的游人，郁郁葱葱的凤凰木，可以想象这里是张爱玲《倾城之恋》里的爱情故事发生地，可作为葬身之地，实在是太寂寞了。其实这里早已没有萧红骨灰，因为1957年附近要建大酒店，繁华地容不下一点凄凉人的痕迹，几个关心她的人几经辛苦才把小小的半瓶骨灰移到广州去了。根据香港作家卢玮銮的指点，当年端木立的“萧红之墓”木牌早已不见，要去找萧红的墓地，只能凭当年的一幅旧照片，去找有栏杆的阶梯，和一株大凤凰木，树下就是曾埋萧红的土壤。

另一半骨灰，埋在香港大学附近的圣士提反女校，当年的临时医院设立处。沿着柏道下来，或者沿着般含道向西走，就是这个恬静幽美的校园。围墙内绿树成荫，两三个穿着阴丹士林蓝旗袍的女学生走出来，让人恍惚回到了萧红的年代。据说，萧红就埋在这园中的一棵凤凰木下。想象夏天凤凰木下落满了红花，正应和着“落红萧萧”的意象。

圣士提反女校里一半骨灰的故事还有个结尾。刘以鬯说，1997年，端木蕻良死后，他的太太钟耀群曾来拜访，告诉他端木骨灰处理一事已办妥。原来她依照端木遗愿，捧了他的一半骨灰到香港，撒入圣士提反校园的泥土中，让他与萧红在这里重聚。

而萧红的故乡呼兰，也一度想把她在广州的一半骨灰迁回。

孙延林说，他在1990年主持修复了萧红故居后花园后，总觉得骨灰没回来是个遗憾，因为“生死场成安乐地，岂应无隙住萧红”。于是写信给当时健在的萧红亲友，其表弟张秀琢、侄子张抗等都签字支持。他又专程去北京征求端木蕻良的意见，端木激动得号啕大哭，但也提醒他，迁墓没那么简单。端木拿出了萧红的一缕青丝，说是萧红死后剪下来留念的，已经珍藏了50年，先建个青丝冢吧。之后青丝冢在呼兰西岗公园修成，骨灰迁葬却因种种原因搁浅了。但孙延林心里一直没放弃，因为“魂归故里”是中国人的传统。

03 城市与再生

白塔寺再生：胡同小院的生存与生活

青塔胡同39号，从地图上看，这是北京阜成门桥东北角的一条南北向胡同。但走进去才发现，里面并不是想象中横平竖直的棋盘式格局，而是已经被形态各异的房屋扭曲割裂成一个迷宫。于是还得借助外部的城市系统，“沿着二环边绿化带，看到一个骆驼雕塑就拐进来，不要管方向，就顺着一直向前走。”

提起白塔寺，总会唤起一段回忆。几年前笔者住在阜外大街，单位还在中国美术馆附近，经常会骑自行车往返：自西向东一过阜成门，便可以看见白塔寺的塔尖，然后是历代帝王庙、广济寺、中西合璧的西什库教堂；到了文津街，则有国家图书馆古籍馆、中南海；之后是北海、景山、故宫角楼和护城河；再是五四大街上的红楼和中国美术馆……骑到这一段，车速就不由自主地慢下来，连汽车的喧嚣都没那么明显了。那时就觉得，这真是北京最美的一条街道。不知不觉间，家和单位都随着城市扩张搬到了更远的三环、四环，我们才开始有意识地去捡拾那段旧城的记忆，走进白塔寺背后的这片胡同。

“大拆大建中把肉都吃完了，剩下最后一块骨头。”清华大学建筑学院副院长张悦形容。以街道和建筑的尺度划分，很容易划定白塔寺区域的边界——北起受壁街、南至阜成门内大街、西起西二环、东至赵登禹路，总共37公顷。这是一片被高楼包围的孤岛，尤其是与南侧的金融街并置，反差尤其鲜明。在连绵的青砖灰瓦坡屋顶的四合院外壳里，是6000多户人家日渐衰败的生活。这里为什么会在历次城市开发中被遗留下来？

“这一带紧贴着阜成门城墙根。过了瓮城是兵道，应该是没有房屋的。但阜成门以前走煤，附近好多卖苦力、拾煤核的，就在城墙根搭棚子、立杆子，逐渐形成一些泥坯房，而且为了方便进出，自然形成了朝向城门的东西向街道。所以从历史上看，这里就是一片不规则的棚户区，一直要向东过了白塔寺牌楼，才出现一些更齐整严正的房屋，开始有贝勒府。”李京是白塔寺区域内宫门口社区党委书记，对这一带了如指掌。他说，这一带的不规则还因为一座被烧毁的朝天宫，“宫门口”这个名字就由此而来。古代城市边缘多为寺庙聚集地，但如今世人只知道有白塔寺，却不知道还有一座十三大殿的皇家道观。但它在明朝一场诡异的大火中荡然无存，一些私自搭建的房屋和街巷逐渐在灰烬上生成，延续了朝天宫不规则的骨架和肌理，比如宫门口东岔和西岔之间的距离，就表示了宫门曾经的宽度。因为这种不利的先天条件，也因为白塔寺这样一个重要历史地标的存在，南边北边的那些高楼像墙一样推到这里，就停下来了。

20世纪90年代中期还在清华大学读研究生的张悦跟着导师吴良镛频繁来到白塔寺区域调研的时候，旧城保护与开发的矛盾正凸显出来。那时，计划经济下分配的公房维护不利的隐患大面积爆发，北京旧城正在进行大规模的危旧房改造计划。“危改”本身没有问题，但因为背后有房地产开发的强大推力，导致了旧城的大面积破坏。张悦表示，白塔寺区域南边的金融街就是当时“危改”的结果。“吴良镛先生曾提出在整体上做保护，中间也试图以政府、单位、个人相结合的方式推动危旧房的改造，但是从大范围来看无能为力。市场经济的力量太强了，那种试图把整个北京进行统一保护的努力变得非常脆弱，北京开始划定特殊的历史保护区，同时在旧城里进行开发，希望用开发获利反过来补充旧城的维护和修缮。今天回头来看，这确实造成了一些好的区段被高强度地开发，比如金融街，而且当时说要用这种开发来带动保护旧城和改善民生，结果却没有做到。甚至因为旧城里价格洼地的形成，涌入了更多低收入人群，房屋破败和人口拥挤进一步加剧了。好的被开发掉了，剩下的骨头还是那个样子。”

在这片迷宫里，终于找到青塔胡同39号院，这里是一处已经完整腾退出来的院落，正面向年轻建筑师征集更新方案。沿街的房子被统一刷了灰墙，修了坡屋顶，加上胡同里一排歪脖树投下的浓重树荫，从外面看仍有闲适自在的气度。但走进去，就会发现纵横交错的胡同被挤挤挨挨的加建和停车围得水泄不通，里面规整的四合院已经非常稀少，曾经威风凛凛守护宅院的石狮子不知被谁削下偷走了，屋瓦上遍布碎片，顽强地长出几丛野草。这个院子比看上去小得多，一个人走进去，另一个得侧身才能出来。里面只有一间坡屋顶朝南的屋子，对面的一排平房都是加建的，厨房和储物间也住了人。据说这里面住了两户人家，算算总共30多平方米的建筑面积，每人只有几平方米。原来的住户已经搬走一年，院子里荒草遍地，正房里剩下一张铁架高低床，一只猫趴在床上一动不动。

像青塔胡同39号这样已经腾退出来的院落总共有70个。它们被称作“种子”或者“触媒”，期待被重新设计成公共空间，带动人流进来激活这片区域，同时也形成样板效应，让周围的居民看到，除了用私搭乱建的方式把院子铺满，300块钱一个月分租出去，其实还有另外一种可能性来提升院落的价值。

青塔胡同里已经聚合了几个成型的样本。它们由几位明星建筑师设计，更像是在一个微观尺度上的实验，来探讨关于院落、胡同、旧城的一些持久议题。比如宫门口四条24号，TAO迹建筑事务所主持建筑师华黎回应了大杂院里最现实的混合居住问题。这是一个只有10米宽、10米长的小院，原来住着兄弟姐妹4户，他因势利导做成了4个独立的居住单元，将来可以面向在周边工作的年轻人来合租。有趣的是，在有限的空间里，每个居住单元里还都有卧室、工作区、卫生间，甚至各自有一个独立小院，实在是麻雀虽小，五脏俱全。而且在4个单元之间，还有一个共享的客厅将它们相互连接。“我叫它‘四分院’，是因为它与传统的四合院正好相反。传统四合院里院子是当之无愧的中心，所有的房间都朝向它。但今天青年人的个人生活核心是私密性，所以将四个居住空间朝向不同的方向，最终构成一个风车状布局，将四合院里传统的、向心式的家庭生活，转变成四分院内当代的、分离式的个人生活。从‘合’到‘分’的变化揭示出社会结构和生活模式在住宅中的转变。”华黎的事务所曾经就在白塔寺附近的一个四合院里，他觉得新和旧、外来者和原住民的两种生活方式是可以并存和互动的，事实上，这种多样性才是活力所在。

比起宫门口四条24号，相邻的22号院要大得多，占地面积将近250平方米，直向建筑主持建筑师董功想要在其中实现多种混合功能。他对北房采取了落架大修的保护方式，拆除了院子中间低质量的临时搭建，让原有的四合院肌理重现。然后将大院落分成3个小院，以透明砖隔断，以满足多个功能空间对私密性和公共性的需求。董功设想，未来这里可以装入美术馆、咖啡馆，总之是一个聚合人气的公共空间。“我比较担心整个院子都给一个私人机构用，那就没意思了。”

标准营造主持建筑师张轲则选择了更务实的更新策略。他想要通过最少的介入，解决留下来居民的生存难题。在宫门口四条36号100多平方米的小院子里，他保留了原来加建房屋的肌理，只是把院子围合成“U”形，使得原先零碎的杂院回归庇护感。更重要的是，他巧妙地回应了胡同“怎么住”的问题。“现在的大部分胡同主道上下水问题都慢慢解决了，但院子里还没有卫生间，没有淋浴，厨房没地方放。我想植入一个极小的功能模块，1.5米见方，里面可以放入卫生间、厨房、洗衣机、干衣机，占地只有2.25平方米。这样的尺度适用于大多数胡同。一户人家的屋子大约15平方米，装一个这样的小模块，他的生活质量就跟上居民楼了。如果这个问题解决，很多人其实更愿意留下来。”

种子：一种干预策略

在张悦看来，白塔寺区域是一个缩影，可以映照出居住模式变迁的不同历史阶段。如果按照单位尺度的演变，顺序是超大—大—中—小。“白塔寺在元朝刚被建立的时候，边界是如何确定的呢？是皇帝找了四个孔武有力的蒙古勇士，从塔的中心射出四支箭，箭落地的地方就划定了空间范围。它背后是一个帝国体系，每一个人作为个体被镶嵌在这样一个系统之中，居住空间也被以这样一种等级的体系、血缘的亲疏、身份的贵贱来限定。第二阶段可以说是城市的尺度。在经过了革命之后，以往的等级制度开始坍塌，这一区域以当时流行的社会主义改造的方式被重新定义。城市的所有者把房产试图收归公有，四合院不再是父亲住在正房，儿子住在厢房，而是将多余的房子交出来，以计划的方式分配给新进入北京的居民和单位，这也是为什么现在白塔寺区域能看到那么多公房。但当进入第三个阶段，计划经济体制越来越难以维系房屋的破败以及人口增长带来的进一步的住房需求，北京开始实施大范围的危旧房改造。同时市场经济的力量蓬勃发展起来，旧城被分成了更细小的碎块，有更多的开发企业以“招拍挂”或者划拨的方式来开发小片土地，房屋开始在这样一个架构内被重新定价。但试图以高容积率的开发获利来补贴旧城保护的设想在无形之手下失败了，旧城在大拆大建中被逐步蚕食。到了当下的时间点，过去那种成片开发、成片保护的视角逐渐让位于更加精细化的观察，转为面对每个房屋或个人来进行，更多原住民会被留下来，参与到社区营建中去，共同塑造地方记忆和历史延续。”

为什么现在会转变为微观居住个体的视角？张悦认为，过去的拆迁概念，是一种强制性的定价和驱赶方式。中国社会发展到现在，开始尊重每一个社会个体，所以现在更多地采取协议腾退的方式来处理房产，大拆大建已经不可持续了。北京城市规划设计研究院城市设计所主任工程师叶楠参与了白塔寺区域的规划设计，她说，目前北京市在疏解非首都功能的大背景下，严控增量，只能从存量上挖掘可能性。而且，从拆迁成本上来看，现在政府没有能力、也没有欲望再进行大面积的拆迁了，转而采取一种更加缓慢的“有机更新”模式。

“你知道旧城更新和房地产开发有什么不同？”北京华融金盈投资发展有限公司是白塔寺区域更新的运营主体，也是西城区政府在2013年初为启动这一项目专门成立的。总经理王玉熙说，这是他们接手后要面对的第一个问题，因为以前熟悉的房地产开发模式在旧城更新中完全用不上了，以至于从2010年开始做了三年研究还下不了手。他对两者的区别提供了一个微观的解释——一个产权人和多个产权人。“房地产开发是一个产权人，一个主体，对一个区域进行统一的规划，统一的建设，然后才把一个统一的产权分割为若干单元产权，我们称之为转移登记。初始登记是一个大产权，转移登记就变成若干个小产权了，再把这些小产权卖给张三李四。这是房地产开发的模式，整个过程都是一个主体在运作的。旧城更新完全不同，在白塔寺区域有6000户居民，那么我们面对的就是6000个产权人。这就不能不考虑原住民的诉求，也不能不去尊重他们的想法，得跟产权人建立协商的机制。而且要在产权高度分散的情况下，探索如何去有效地实现改造，形成新的秩序，同时又能找到投融资的路径。”

白塔寺区域更新的难点还在于，和南锣鼓巷、大栅栏等商业街区不同，这里是一个纯居住区。“随着居住人口结构的恶化，人口数量的增加，导致整个区域不断地向一种更加不积极的方向演变，必须以强行干预的方式阻止它生态环境的继续恶化。”这一区域的更新以民生改善、旧城复兴为出发点，后来又加上了人口疏解的目标，期望在2020年前疏解15%的常住人口。王玉熙算了一笔账：“现在区域人口大约在6000户左右，15%就接近1000户，一户的腾退成本大约350万元到400万元之间，那么腾退1000户就是40个亿。再加上基础设施和其他改造投资，总共要至少60个亿。”

这么大的资本量，这么分散的产权，需要一种可持续的干预策略。王玉熙说，他们希望扮演一个起引领和示范作用的“小主体”，搭建一个包括本地居民和外来设计师智库等力量的“大网络”。这张网织好之后，最终会产生很多关联，每一种关联都意味着很多可能性。“具体的实施是以院落的腾退为起点，形成‘种子基金’，引发整个区域内生态环境的改变，带动更多种子的发芽和成长，不再每一步都要政府来‘浇水施肥’。”

王玉熙将腾退出来的完整院落称为“重资产”。他认为，腾退一个院落投入的资金和时间成本都很高，这种方式是很难持续的。但是，就像供给侧改革一样，重资产投入仍然有必要，因为需要以一些院落作为“种子”，在里面强行植入基因，这是干预策略的第一步。“重资产需要发挥触媒效用，一些有影响力的文化机构是优先考虑引入的。什刹海的酒吧也可以说是一种文化休闲的业态，但它对居住功能区域的生态环境侵害性很强，而像设计、创意类的文化机构是可以和居民融合共生的。比如我们正在跟法国大使馆文化处谈合作，他们要来共同投资一个遗产修复的示范院落，这个院落日后怎么用，法国人是不干预的，但是他们明确提出一点要求，就是这里必须是一个能够提供本地居民和外来文化机构进行交流互动的空间，而不能把门一关当成会所。另外还计划设立一些美术馆，这又是一个强行植入的概念，胡同里不会自发出现，但我们要让它出现，因为美术馆会让一些有文化认同的人走进来，进而对这个区域产生更多关注。”与人口疏解的15%目标相对应，腾退院落也只占所有院落的15%，在白塔寺区域大约900个院落中，大约腾退150个院落。那些不进行腾退的院落被视为“轻资产”。“轻资产就是说我们不再收购这些院落，但是变相地提供一些新的租房需求。目前这个区域有将近一半的原住民都是不在这儿住的，他们把房子以极低的价格租给了外来流动务工人口，那么为什么不能以更高的价格租给其他人呢？目前这里面的环境他们租不出去。这也是为什么我们要引入一些文化机构，就是来搭建一个平台，不是一对一地给你捧场，而是给你提供这种可能性，让供需之间形成关联。通过重资产的引入带动轻资产运营体系的建立，形成一套完整的实施策略，最终目标是潜移默化地实现区域人口结构的调整。”

协议腾退是形成“种子”的起点，而且是整院腾退。“大栅栏的杨梅竹斜街是最早做协议腾退的区域，但他们是登记式腾退，以户为单位，遗留的问题是有的院没有完全搬走，比如只腾退三户，还留下四户，腾出的那三户并不好用，实现不了重资产的有效利用。我们之所以提出整院，也是想把一些有品质的机构引进来，他们对院落的微观环境是有要求的。”王玉熙说。

但是实现一个完整院落的腾退是很不容易的。负责院落腾退的华融金盈土地整理部经理王殿斌说，每个院子都住着好几户人家，只要有一户不愿意腾退，那么跟其他户签署的协议就不能生效，整个院子里的人就都走不了。他说，在安置房源充足的时候，“海绵里的水”是比较容易挤出来的。“综合西城区整体的拆迁补偿标准，每平方米补偿十一二万元。协议腾退主要是给安置房，比如2013年回龙观有处房源，成本单价是10 700元，那么我们给出了7.5倍的系数，也就是1平方米给出成本8万元的安置房，再加上4万块钱的现金补偿，这样正好是每平方米十一二万元。就居住面积来看，原来有20平方米房屋，就可以置换出150平方米新房。很多人其实更看中暗含的收益，政府购入安置房的成本单价是1.07万元，市场价随便就是两三万元，一旦获得产权，一转手出去收益就可以翻倍。”问题是这个区域里面产权很复杂，“有私产、公产、单位产、央产，甚至还有庙产，有些产权是无法转让的。”另外就是每户人家都有各自的情况，比如有一户原来的房主去世了，留下3个子女，争抢租赁合同的归属，一直形不成新的租赁合同。清官难断家务事，这就没法签约。王殿斌曾在1994年金融街刚拆迁时就参与其中，他觉得目前的插花式腾退虽然推进缓慢，至少原住民有了选择权。

这里以后会不会彻底地中产阶级化，原住民在市场推力下全部搬离？王玉熙认为不用过于担心。“因为‘轻资产’院落有一个基本条件，房主不在这儿住，他才能把空间出租盈利。如果他自己还在这儿住，怎么可能拿这个房子去干别的呢？另外这个区域还有一些优势，比如上班近，看病、上学方便，原住民不会全部搬走。我们的调研也发现，将近50%的原住民是想留在这里的。”

拼贴城市：四合院、社会主义大楼和鸽子

推开李铎在宫门口西岔的院子大门，让人简直不敢相信自己的眼睛：在这片衰败的大杂院区域，竟然有一座真正的四合院！从外面看，只有一个单扇门，也没有讲究的门头，进去才发现街面这排倒座房因为长期公租没有修缮，反而成了对后面院落的一种掩护。这是个二进院，过了翠竹掩映下的垂花门，里面是一个规整的四合院：正房，东西厢房，宽大的院子里种着核桃、海棠、柿子、玉兰，还有一棵上百年的银杏树。“1998年白塔寺打开山门，还没油漆呢，10月份布莱尔和夫人第一次访华，其中一项安排就是参观白塔寺。他们临时想看一个民居四合院，西城区政府就在附近给他找，我们家接待了他。他走了之后，这个院子就被挂牌保护了。”

这个院子其实是1987年修建的。李铎她们家之前在新街口附近有个独院，临街，紧贴着规划红线。她父亲担心一拓路院子就没了，于是把那一处卖掉，买了白塔寺的这个院子。“新街口的

院子房管局评定价值5万，买主另给了父亲、哥哥和我三户总共30万安置费，这儿评定四万五，我们也给了原房主15万安置费，这样剩下了15万，用来重新翻建装修。2000年前后，我们把“文革”时分给人的倒座房的租赁合同买断了，这个院子才算真正完整了。”李铎说，他们就是想找个不拆迁的地方，这儿因为紧邻着白塔寺，限高9米，拆迁的几率应该会低一些。而之前新街口的老房子，果然在20世纪90年代那一轮拆迁改造中荡然无存了。

李铎对院子的未来命运并不太确定。这个院子占地500平方米，建筑面积有335平方米，她去问过负责腾退的人，对方说：“按照7.5的系数，我们得给您2800平方米的安置面积，按一套房100平方米来算，也得28套，这不太可能，我们动不了。”她才放心了一些。

父亲去世后，李铎的哥哥住在正房，她住西厢，女儿住东厢，恢复了四合院里的传统生活。她是画家，每天早上在窗下铺一张纸开始作画，正对着院子里的树荫和白塔。四合院里的居住确实有些不便，虽然他们自己建了卫生间，但是冬天的采暖还是一个问题。“以前烧煤时，要夜里12点去等煤车，那个时间大车才能进来。‘咣当’一卸车，大晚上的，邻居不干了。烧完一冬天，还得运出去啊，又是问题。现在‘煤改电’，稍好一些，但是这屋子一整面都是玻璃，最冷的时候只有12度。”李铎说，她有四合院情结，比较接地气。庭院里种点花花草草，绿树成荫，麻雀、喜鹊、啄木鸟也常来，一推门进来就很安静，有种创作的心境。她信佛，也习惯去白塔寺转转。特别是早晨的时候，没什么游客，会看见僧人和信众一圈圈绕塔。

如果说四合院代表一种传统生活，1961年建成的福绥靖大楼则是那个年代社会理想的象征。因为超乎寻常的2.5万平方米的体量，站在这片胡同区的任意一点，都可以看见它的身影，但都难窥全貌。这座八层大楼呈“Z”字形，东西向单边尤其长，站在楼道里昏暗的灯光下，一眼望不到头。历史和传说混杂在一起，周围的人都说它是“鬼楼”，甚至还在里面拍过一部恐怖片。如今宫门口社区就在大楼的一层办公，它才没那么神秘莫测了。当年北京要在东西南北四个方向建四座社会主义大楼，福绥靖是其中之一。“是在人民大会堂盖完的第二年，用那里剩下的水泥和钢筋建成的。只有大型国企的厂长、书记、总工才能住进来，车间主任都少。到后来住房产权结构调整，住的人才不大一样了。”宫门口社区书记李京说，这楼在当年特别超前，那个年代都住平房四合院，能住楼房的很少，而且这楼还带电梯，有暖气，更了不得了。现在社区居委会所在地就是原来的一套房子，50多平方米，两居室，还有过道、卫生间、阳台，一应俱全。就是有一个问题——没有厨房。“设计大楼的时候正是‘大跃进’时期，要‘吃社会主义大食堂’，所以没在户内设厨房，而是在地下一层建了公共食堂。”之后问题来了，从三年自然灾害开始，不能吃食堂了，现代生活又需要厨房，怎么办？就在楼道里放煤气炉、煤气罐，成了一道景观。家家户户门口都有一个炉、一个罐，隐患越来越突出。2005年开始危房腾退这里的400多户居民，但到现在还有30多户没搬走，有的楼层只剩下一两户。居委会的小姑娘不敢一个人上去，李京说，其实没那么可怕，都是被传说得神乎其神，还经常有外面的人带着专业设备，来楼里探险。其实现在楼里还有偷偷往外租房子的，当年腾退时把户门都封上了，又被破开，住人，反正水电全免。在他看来，这次如果能够全部腾退，不如改成一个养老院。“胡同里实际居住的老年人得占70%。我们社区养老院只有69张床位，很快就满了。如果把福绥靖大楼改造一下，轻轻松松能放下1000多张床位。”

如今这里的胡同居民最惬意的生活是什么样的？早上6点就去安平巷的徐记烧饼铺排队，要一碗豆面丸子汤，再来个烧饼，也就5块钱。再去北海景山遛个弯儿，然后去宫门口菜市场买菜回家做饭，或者拐到宏大胡同吃一碗胖子卤煮，下午再去官园花鸟鱼虫市场逗逗鸟，看看鱼。最有代表性的，是养鸽子。

几乎每条胡同里都有一个养鸽人。如今鸽哨声很难听到了，但是如果往房顶上看，那些高处的杂乱搭建很多都是鸽棚。青塔胡同的赵师傅就在自家屋顶上搭了一个，他50多岁了，从20多岁就开始养鸽子。“我为什么喜欢？因为鸽子有种精神。你看它总共不超过一斤肉，但是能飞500公里不停。一路上它得遇到多少艰险啊，刮风，下雨，飞禽，就是靠这种顽强的精神。”他说的是信鸽。老北京人养鸽子还要从清军入关开始说起，那时训练鸽子是为了传递书信。等到大清入主中原，八旗子弟就开始养鸽子来玩。信鸽忠实，认家，不嫌贫爱富。“好的鸽棚跟颐和园似的，中央空调，上下给排水，但鸽子就是不去，就认自己的窝棚。而且它通人性，‘扑’地就落到你肩膀上，你要是不高兴了，它又

'腾'一下飞走了。"赵师傅说，现在信鸽有比赛，最简单的是棚赛，一只鸽子进场要交1000块钱，拿到名次就能赚钱，去年的冠军鸽挣了1500万。现在有人为了出成绩，和朋友互换鸽子，不过赵师傅从来不舍得换。他说，以前养鸽子还讲究"不找鸽子"，你的鸽子飞到别人家去了，那是没面子的事。所以如果人家捡到不还，就算了。还给你，也分两种情况，一种是"文玩"，就是双方都客客气气；还有"武玩"，对方一枪把鸽子打死了，要脸面的也不能生气，得说"这不是我的鸽子"。赵师傅认为，视万物为玩物才是文化的底蕴，可是这种底蕴在慢慢消失。比如老北京更传统的观赏鸽，就在家门口养，已经快要失传了。"天一亮就有鸽子在房顶上咕咕地叫唤，低飞，你的视线就随着它望远了。当年梅兰芳就特别喜欢，养生，练眼。"

传统的鸽种，像是乌头、北京点子，已经很少见，附近的宏大胡同还有一些，它们是刘建华的宝贝。"金眼黑乌头"，顾名思义有个漂亮的黑色脑袋，而且"嘴小，活得费劲"；"北京点子"，头上有斑点，而且脑袋像个"蒜鼻子"；还有"紫乌头"——"你看它的头特别圆乎，跟球似的，嘴还特别扣。"刘建华亲了亲那个毛还没长全的紫乌头，他说，喂食就得这么嘴对嘴喂，这种鸽子之所以珍稀，难活，就是因为嘴太小了，自己吃不进东西去。可他不嫌麻烦，一天到晚跟鸽子在一起，心情特别愉悦。他还养过40只鹦鹉，到后来鹦鹉们可以盘旋围绕着他飞，他就天天带它们去阜成门遛弯儿，成了一景。有一天晚上，鹦鹉们没留在树上，回到鸽棚上，全都被一只黄鼠狼给吃了。他感叹，这几年因为禽流感，胡同里养鸽子的渐渐少了，鸽哨也听不到了。“以前的老哨有七星葫芦，十三眼，还可以给配好音，像交响乐一样。现在都成了遗产。”

白塔寺的胡同生活是各个历史片段叠加的结果。在这里，什么是真的，什么是假的，什么是过去的，什么是现在的，什么应该摒弃，什么应该保留，很难去判断。柯林·罗（Colin Rowe）在他的经典著作《拼贴城市》中，以毕加索的“牛头自行车把”为例，解释了将看似冲突的片段拼贴在一起的思维方式：记住原有的功能和价值，改变结构，意欲混合，将记忆融合。这本书写于“二战”后西方城市大规模更新时期，他借助这种城市拼贴方法，来反思当时大规模的推倒重建导致的单一城市空间，或许也可以作为我们现在城市更新的一种参照。“当我们思考一个拼贴的城市时，看上去真实的，其实是假的；而那些在日常生活中不可思议的，却是真的。因为，拼贴的城市很少有复制成分。”

生存与生活

“生活即展场。”刘伟是华融金盈搭建的“大网络”中的创意产业智库成员之一，“熊猫慢递”的创立者。北京设计周曾在白塔寺区域设立分展场，他在胡同院墙上展出了老书信和老物件，“老书信就挂在居民晒出来的被子上，花花绿绿的，也是他们自己的一种表达。”他之前在这个区域做过调研，可挖掘的文化点有3个：元代白塔寺相关的佛教文化，但是现在已经不能办法事了，更像个博物馆；与鲁迅相关的民国文化，因为这里有鲁迅故居基础上建成的鲁迅博物馆；还有近代的老北京文化，包括胡同、社会主义大楼、花鸟鱼虫市场等。”但是单拿出来任何一个都不突出，有意思的恰恰是各段历史、各种生活叠加在一起的丰富性。

“旧城区域最大的资源就是原住民。”刘伟认为，传统开发模式成本比较大，原住民拆迁上楼是一大笔费用，他们原来的房子或承租或转让，前期成本都分摊给后来的经营者，最后转嫁到消费者身上。这些背负大量成本的外来经营者带入的业态价格高，同质化严重，南锣鼓巷现在就成了负面典型，越来越多人开始反思这种模式。他认为，旧城更新的最大问题，就是丢弃了原住民，尤其是老年人，很多人已经在这里住了六七十年。“博物馆式的展示不是年轻人想看的，他们想体验胡同生活，想听故事。有人想听，有人想说，谁可以把两者串在一起？”

如何找到一种方法，让原住民不搬走？主要问题还是生存层面的，特别是居住。王玉熙他们正在开发一种可以批量化生产的功能模块，类似张轲的设计，把厨房卫生间集成在里面，置换出大杂院里的加建。他们也在研究，如何用5万元预算，把20平方米的房子改造得更好，以后可以给居民修缮房屋提供参照。另外的不便利在于市政设施。北京市城市规划院城市设计所主任工程师叶楠曾做过前期调查，“很多胡同里都是雨水、污水一根管，没有燃气管，电线也是架空的，因为胡同里太窄，达不到多根管线进入的宽度要求。还有停车，现在三十几条胡同里大概停了750辆车，以后把更多交通引来了，停哪儿呢？”王玉熙说，他们设计在胡同区域外围的一条道路下面修建地下停车场，还要在里面架设一个综合管廊，把各种管线分层埋进去。“大市政管线可以在外围解决，但是胡同里进不去，比如热力管线直径有80厘米，胡同是埋不下的，因为各种管线有间距要求。另外，外面的道路在逐年垫高，胡同里的地基一直没变，这就形成很多低洼院，厕所的污水也排不出去。我们就把区域划分成更小的组团，一个组团一个组团地提供化粪池和主干管线，用这种方式来弱化胡同区对大市政的依赖。”

“很多人说，先把生存解决了，再说生活，再说文化。但我觉得文化是解决生存问题的最好办法。”刘伟认为，胡同里的生存和生活是可以并行的。如果把两者割裂开，反而会形成一种社会鸿沟。他自称菜市场爱好者，因为里面是当地人的真实生活现场。但现在宫门口菜市场已经被清空，花鸟鱼虫市场也已经被驱赶得只剩一条胡同，这些野生但生机勃勃的部分以后还能不能留下来？“现在年轻人的市集特别受欢迎，何不把市集放在这个胡同菜市场里？一边是年轻人在做烘焙，另一边原来花鸟鱼虫市场的经营者也可以卖鸟。”

震区未来：建筑师的想象与实践

“到了灾区，我觉得自己是一个志愿者，而且是一个体力不佳的中年志愿者——我的腰有伤，拿轻的东西不好意思，重的东西又拿不了，很尴尬。在灾区看到没有倒塌的房子时，我尚且觉得自己是个建筑师；但看到那些倒塌的房子时，我又根本不敢承认自己是建筑师；另外，坐在办公室里每天都会感到摇晃，收藏的很多东西也都摔碎了，就觉得有点疑似灾民。”

2008年四川“五一二”大地震后，很多建筑师都像刘家琨一样遇到身份认同的问题。地震把地给震裂了，同时也把这个社会震了一条缝，前所未有的开放状态让他们成为灾区重建中一股特殊的力量。在主流体系之外，民间建筑师群体试图将生态环保、地域文化、社区价值重建等理念在乡村实践。正如长期在地震灾区推行协力造屋的台湾建筑师谢英俊所说，“灾难也是一个机会，重建我们这一代人对未来的想象”。

由一块砖开始

地震后的那段日子，身在成都的建筑师刘家琨一趟趟往灾区跑，满眼都是发白的废墟，“就像是一次成功的定向爆破现场”。由一个情感上被震撼的“人”回到建筑师的理性，这现场又成了长久的隐患：那么多残梁断柱、碎石乱砖，5月麦收期一堆堆燃烧的秸秆，甚至救灾飞机都降落不下来，到处是“燃烧秸秆，污染空气”的标语。“那么大的废墟怎么处理？”作为建筑师，刘家琨的大脑不转弯就会想它本来就是房子，要把它重新做起来。

“再生砖”的想法本能地冒出来：用破碎的废墟材料作为骨料，掺和切断的麦秸作纤维，加入水泥、沙等，由灾区当地原有的制砖厂，做成轻质砌块，用作重建材料。刘家琨认为，它既是废弃材料在物质方面的“再生”，又是灾后重建在精神和情感方面的“再生”。

刘家琨希望，“再生砖”是一种只要愿意，人人都能动手生产的低技低价产品。看似与建筑无关，其实这一思路延续了他以往建筑中就地取材、因地制宜的“低技策略”，又是一种最直接的“处理现实”。他调查认为，在农村大量存在的砖厂和作坊中，利用手工或简易机械就能生产这种砖，而且相比流行的红砖，免烧、快捷、环保。况且现在红砖的价格更因重建的大量需求涨了近一倍。

但真正落实起来却没那么简单。为了第一批样品砖，刘家琨往来于大厂、作坊间，返工3次才算基本合格。最后一次去作坊验货时迷了路，在田间村头桥下涵洞乱转了2个小时，2公里一问路，其间按照完全不同的指点在相反的方向上来回往复，终于赶到作坊时已经是夜里1点半。这段路程几乎是一种象征：“试制、检测、资金申请、生产、推广、地方沟通，一样都不能少，打个砖都这样，建房更难，牵涉到钱、地方利益、生活生产习惯等等，我对日后协助建房充满忧虑。”他感叹，要想在日后的乡村重建工作中当个“赤脚建筑师”，没有有意识的自我改造，到时候未必能脱得下鞋来。

有反讽意味的是，现在再生砖几乎成为一种文化上的观赏物。它已被订制成为博物馆等城市公共建筑的墙面装饰材料，回到土地、回到灾难的低廉产品，并不被它自身的文化体系接受，反而被社会的另一极所欣赏。

“为什么再生砖之前没人做？”中国建筑西南设计研究院承担了灾后重建的大量工作，其总建筑师钱方分析，从市场因素看，纳入社会化大生产中的再生利用材料的成本大多会高于目前普遍使用的红砖材料。废墟中有抹灰、砖头、水泥、钢筋、木头……要细致分拣，然后破碎、整合、加工。红砖则很简单，对原料不需分检，马上可以破碎生产，厂家多，技术成熟。而且再生砖的技术规范、安全要求、国家检测，都还没有完全跟上。

“现在卡壳在那儿了。”普通的页岩砖或水泥砖对环境污染大，但再生砖又没有相应的公共政策支持，所以大量的重建还是沿用原来的方式。都江堰政府曾呼吁过震后建筑垃圾的危害，说要发动多少辆汽车，运一年才能运出去，数量惊人。钱方建议，应该从整个系统考虑推广再生材料：“比如再生砖每块1.6元，政府给生产厂家免4毛税，使用者再免4毛税；页岩空心砖现价6毛，政府给使用者奖励2毛税。价格在同一平台上，再生砖马上就有市场了。”

光有砖还建不成房子，刘家琨又在此基础上提出一种建造体系：再生砖—小框架—再升屋。这种结构是对农村普遍推行的砖混结构进行改良："采用砖混结构也可以造房子，但要达到抗震要求，就必须按照规范要求加强圈梁和构造柱。我们的方案是把圈梁和构造柱再加强一点，变成小框架。这样抗震性能和灵活性就提升了一个等级，围护墙可以用再生砖，或其他材料如竹编泥抹墙、石片墙等。目前先做一层，以后有了钱可以加建二层，所以叫作再升屋。"但在实践中，这种体系只在少数几个点得以实施，大多数推广点只愿意试试再生砖。

"一方面是乡村建房的习惯问题，他们更容易接受砖混结构。另外，乡村也有乡村的系统，有它的食物链，由村民、乡镇政府、材料商、包工头等形成的技术的和经济的食物链。再加上目前主要的重建方式有统规统建、统规自建，少量原地自建。由于主流是统规，因此到处都是政府主导，民间的机会很少。"刘家琨说，"在非常时期的状态其实就是它平常时期状态的浓缩，集中的更集中，快速的更快速，粗放的更粗放。"

地震震出了一个新的乡村想象。外来公司迎合地方政府的新诉求，在山里的小村小镇建北美式、欧陆式、地中海式别墅，当然是简陋版的。因为地震把四川震成国际化的一个平台了，也震成了一个大市场，虽然是低端的大市场。

建筑师显然有另外一种想象。在刘家琨看来，灾区重建就像回到土地，就是在乡村里面最基本的造价、最基本的条件下，满足最基本的生活所做的极限设计。"我们想要修既坚固又实用的房子，同时想就地取材，保留地方文脉，而不是一个完全虚浮的、飞来的、廉价的欧美版。做得好的话，也可能是改变和提升农村面貌，同时又让它和地方文化、生态环保发生关系的一个机会。”

协力造屋，不仅是重建房子

一直扎根四川的刘家琨总觉得自己应该做得更多。地震后，他这里临时充当了信息中枢和组织平台，各地建筑师都在询问他，想要做点什么，但是总觉得插不上手。“插不上手”好像成了一个焦点问题。“我也能理解现在应急状态下政府的想法——建筑师提交来的图纸是真完美、真漂亮、真没用。”

其中，台湾建筑师谢英俊是个异类。这个扎着小辫，自称成天“装吊车、打墙壁、做鹰架、钉模板、做木工”的建筑师已有10年的台湾震区重建经验，他对协力造屋信心的来源在于：“有1000万名农民等在那里，任何想用工业化大量生产，将农民劳动力与创造力排斥在外的观念与作为，均不切实际。”

“有点失控的乱、失控的拙，逸出手掌奔流而去。”站在地震后的现场，谢英俊总是想起卡尔维诺《未来千年文学备忘录》中所指失控的复杂。他认为，四川的重建经验会是全新的，不只是生计或房屋的重建，而是生态等级的重建，也是人际、文化与经济纽带的重建。1999年台湾“九二一”地震后，谢英俊将工作室迁入震中附近的邵族部落，帮助邵族重建房屋，拯救族群和文化灭绝的危机。2008年“五一二”后，他又将工作室搬到四川。

谢英俊总是一身户外装束，背上背包随时准备去现场的样子。这一天正赶上他要去杨柳村，那里有他帮助重建的全村56户人家。杨柳村位于茂县太平乡，是茂县最北的一个羌族乡，是为数不多还保留有羌语的村庄之一。从成都过去有7个多小时车程，但最近路封了，只能坐飞机到附近的九寨，再搭2个小时汽车过去。

茂县位于地震断裂带龙门山脉以西，比东部降水量少，为藏羌聚居区。从川主寺到茂县沿途所见，建筑多为穿斗式木结构，砖石砌墙，逐步演化为羌式石寨。杨柳在地震前就是这样一个居住在山坡上的羌寨，经历了一次次向下搬迁，仍将传统的建筑结构和建造技术的民间智慧保留下来。谢英俊说，20世纪这里经历了30年代的松潘地震和70年代的叠溪地震，这也是自然选择的结果。

大山环抱间，一排排钢质屋架闪着光，勾勒出未来房屋和村庄的模样，就是杨柳了。簇新的工业化材料带着脱胎换骨的新鲜，又与山上古老的羌寨有种奇异的反差。男人们都在钢架中穿梭忙碌，按照熟悉的方式砌上板岩。女人们和老人们带着孩子，充当劳动力和观众。整个村子都搬到了山下，在岷江边搭起帐篷。

“谢老师来啦。”村支书杨长清热情地迎上来，身后的劳动场面衬着他自豪的神色。谢英俊多年的乡村经验认为，农房重建的真正权力在村一级，或者说，掌握在村支书手中，乡镇领导未必有决定权。

震后重建中的村庄

杨长清说，这次地震时，村民们都在山下劳动，所幸无人死亡，但山上80%的房屋损毁，没毁的也随时面临泥石流和山体滑坡危险。当谢英俊2008年10月到这里时，全村已经将地基更改了3次：像棋盘一样，切豆腐一样切成一块一块的。他们对房子的要求是：用石头建有羌族特色的房子，家畜集中于村外饲养。而他们参照的效果图就是用照片“拼”的几张打印纸。完全依靠自己力量的重建方式正与谢英俊的营建体系不谋而合，只是缺乏抗震的结构体系。

谢英俊提出了自己的轻钢结构体系。轻钢结构是国际上主流的独幢住宅结构，普遍认为抗震性能好，但通常非常昂贵。谢英俊将这个结构简化，降低成本且易于装配。建造过程中，强调尽量用本地化、可回收利用或天然降解的天然材料，而少用砖、水泥等制造过程高耗能高污染并且无法回收降解的建材。

“看到样板房搭起的钢架，我们觉得踏实了，觉得它是抗八级地震的。外墙依旧用传统板岩砌筑，看上去和我们本地房屋也很像。”杨长清回忆，村民在经过一个上午的讨论后，全体接受谢英俊的方式，推倒重来。

谢英俊重新做了规划，将孤立的房子改成四联户、二联户，留下更多的道路和活动空间。他给杨柳村描绘了多重的可能性：中间的场子可以办仪式，搞活动，还可以修个羌族特色的寨门。村民们的附加要求是，村子要有一个轴线，对着山头，屋顶以此左右分水，所谓“门对青山”，这一传统始终贯穿在村子的各种仪式中。起架也以他们传统的方式——喊着号子完成。“对于传统，他们并非不重视，甚至是过分坚持了。”谢英俊说。

这套结构体系的建造方式，与传统穿斗木构方式非常接近，对当地村民来说并不陌生。当一个基本的钢架呈现出来时，骨架之外的东西似乎并不需要向村民解释，他们自然而然地就会赋予其生活经验和智慧。“谢老师，你看我们能不能把楼梯移到外面？这样可以增加屋内面积。”“没问题！”类似的改动随时都会被提出。“我们羌族人人都是建筑师。”杨长清很自豪。

谢英俊已经在四川灾区建了近500套农房，“比在台湾10年建得还多”。但打破乡村特有的食物链并不容易。像杨柳村这样整村组织的是极少数，他们在平原地区就很难进入。前两天谢英俊赶到绵竹的一个村子，连夜抢出样板房钢架，“第二天施工队的人傻眼了，来交涉，但总不能给推倒吧”。

“重建本身就是一个生产活动，需要很多劳动力，但问题是灾区民众自己是否有机会参与。在台湾，重建多半被大的承包商和包工头垄断，灾区民众只是等着接收房子。” 按谢英俊的设想，四川灾区的重建如果让受灾群众参与，可以保证他们过渡期的生活，而不是坐等救济金。还可以通过集体参与，让濒临消失的乡村传统得以保存。

这样建立起的小区域的“自主性的建筑体系”，让建筑材料和劳动力本地化，带来的最直接优势是成本。因为就地取材，石头、土等，都可以转换为建材，另外，村民自建也省下了请施工队的钱。他算下来，这样自建每平方米大约400元，请工要花500元，而普通的砖混农房要700～800元。

这一环保型建造方式更易得到慈善机构的支持，弥补农村金融体系的不足。“比如一栋150平方米的房子，碳排放就减少40吨。我们呼吁这些慈善单位，可以搜集这些减排量做碳交易，当然必须达到一定的量。比如援建1万户，就可以有40万吨二氧化碳，非常惊人。按照欧盟的碳交易价格，平均到每一个农房可以获得5000～10 000块钱。”

“我们的方式最易被接受的是砖运不到的地方。”谢英俊说。他遇到的最大障碍是审美，特别是在一些经济条件较好的地方，村民觉得水泥、钢筋、瓷砖才有面子，石头和土不够时尚。“因为建房子是很社会性的，在马路旁边盖房子，太矮了要盖高一点，太高了要盖矮一点。左邻右舍讲几句话，你就做不下去了。在一个村里盖很多房子，其实就是一个群体的作用，绝对不是一个简单的经济问题或经济因素。”

也正因为如此，谢英俊认为在农村协力造屋才更有意义，重建过程就是重新建立乡村关系的一次机会：“今天大家都要离开乡村，农村的价值崩解了；在都市中产阶级的生活里，对农村的印象只有‘农家乐’。如何以农村为基地来重建新价值、重建城乡的平衡关系？如何让灾区的农村可以保有自主性与社区意识？”

纸房子：美好而脆弱的“新校园计划”

四川大地震后第5天，香港大学建筑系助理教授朱涛正好去台湾出差，便采访了参与台湾“九二一”震后重建的一部分建筑师。给他留下最深刻印象的，是台湾的“新校园运动”。这一运动是在“九二一”地震多所校舍损毁后，在民间团体的推动下，由台湾教育主管部门提出的灾区校园重建工作中的核心部分。它号召建筑师热情投入校园设计，并鼓励校方和社区人士积极参与讨论，共同探索融合现代教育理念的新型校园空间。“新校园运动”创造出40余所新校园，占校园重建的五分之一，被公认为台湾震后重建最大的亮点。

“我在地震之初的心态是——大地震会带来大变化。因2008年奥运会建筑，国外媒体称北京是‘未来的城市’。我觉得，有可能地震重建才是真正的未来。”朱涛和众多深圳、香港建筑师发起“土木再生”组织，希望实现建筑师、NGO、政府之间的横向联合，搭建一个民间的灾后重建平台。

理想主义满怀的建筑师们讨论认为，在重建的三个阶段中，临时安置很难插手，3个月的过渡性安置进入也不容易，而瞄准长远的重建还来得及。而地震中大量损毁的中小学重建，兼有专业层面和社会层面的双重意义，建筑师应该能起到更大作用，他们由此发起了“新校园计划”，提出“整体规划、公众参与、开放校园、灵活空间、安全舒适、环保节能、文化传承”7个原则。“为什么不能像台湾一样借机完成乡村教育的升级呢？”

但台湾“新校园运动”不能脱离它的社会背景：台湾20世纪80年代以来的教育改革，以及社会中诸多探索新型教育空间的努力是它诞生的基础。长期以来，所有的学校都要沿用统一的“设计标准图”来设计校园。更有甚者，当局还按照“标准图”来控制建筑造价，统一调配年度建筑经费，从而制造出一大批千篇一律、毫无生机的校园建筑。所以地震前教育改革的呼声已经高涨，“新校园运动”不是在“九二一”震后一夜之间无中生有的。

谢英俊正是台湾“新校园运动”的发起人之一。他说，当时建筑界也要寻找一个出口，因为当局、施工队、建筑师环环相扣，构成一个严密的食物链，造成的后果是，设计评标只选最低价的，不选最合理的，系统外面的人很难进去。地震后正值台湾地区教育主管部门负责人换届，“新官上任三把火”，要推行教育改革，校园重建成为载体。新负责人采纳了谢英俊的建议，把设计遴选权收归教育主管部门，重建信用体系，鼓励好的设计出台。在这次四川灾区的“新校园计划”中，谢英俊也顺理成章地作为学术委员会成员。

他们一开始找到“明星灾区”，对方正醉心于国际化的开发图景；找到偏僻灾区，人们又忙着重建无暇顾及；找教育部，相关人士却无权力和资金推广。转了一大圈回到深圳，一位市领导的第一反应是：“民间力量能做我们政府做不到的事情。”他们终于拿到深圳援建的甘肃文县8所小学的项目。组织竞赛、找钱、监管施工……“生生从建筑师被逼成了NGO”。最终5所学校在“新校园计划”下开始实施，其他的还在找人捐钱——灾区真正要恢复重建的或维修加固的达11687所，从数量看，这5所实在是太微不足道了。

朱涛协助香港大学教授建筑系王维仁参与了北川中学的国际竞赛，评标会反复了9轮，他们都名列第一，最后一轮落败。“就像参加一场身不由己的接力赛，最终被新选手把接力棒抢过去了。”集各方关心于一身的北川中学要容纳5000人，相当于一所大学的规模。而北川县城才几万人。朱涛认为，灾区学校重建有大集中的趋势，虽是出于集中教育资源的考虑，却又带来住校成本增加、与乡土社会割裂的问题。

在文县，大部分是山区，平地都种庄稼了，仅剩的一块平地就是校园。在“新校园计划”设计中，这块地同时也是村子的多功能厅，向村民开放，开个会、喝个茶，也加强学生与乡村的互动。此外，建筑师考虑与山区地形、朝向、文化的关联，依传统为场地量身定做。但在数量和时间压力下的绝大部分校园重建中，仍是传统的“大立柜”，唯一提出的口号是“建地震震不垮的学校”。

“新校园计划”的理想遭遇多重现实。朱涛说：“官方和民间仍是两个割裂的整体，随着一切纳入正轨，地震之初打开的那扇门又关上了。民间建筑师只能利用空隙，但越往下走越艰难。而援建方的官方设计院在批量生产压力下，难以深入每一个个体。”这就像是个围城，城里的人想出去，城外的人想进来。

位于成都的华林小学是“新校园计划”中最早实现的一所，它最著名的标签是“纸房子”——用纸管做结构支撑的过渡性校舍。这三排九间的朴素校舍由日本著名建筑师坂茂设计，纸管是他的个人标志之一，曾在日本的震后建筑中使用过。华林小学项目中方协调人、西南交通大学建筑学院副教授殷弘说，纸管建筑“轻—固”的构造特性和美好的建筑意向给有“重—危”建筑震后恐惧感的人们带来一种灾后的抚慰。

做成“纸房子”也是偶然。2008年6月“新校园计划”想要尽快启动，但国内的建筑师都没有应急建筑的经验，正好遇到来四川帮忙的坂茂。华林小学校长邓永健如今也在一间“纸房子”里办公，屋顶均匀排列的圆洞制造出简洁美感和光影效果。最让他感动的是，这是大学生和学校合作，一钉一瓦完成的校舍，留下了珍贵的志愿者精神，“对孩子们的教育意义远远超过了重建的意义”。

邓校长说，地震中华林小学两栋老旧的教学楼成了危房，当时面临两个极端的选择：普通板房，或者纸管校舍。板房的口碑并不好，主要原因是隔热、通风设计和用材的不合理。钱方说，工业板房所用的夹芯板中聚苯乙烯泡沫板燃烧有毒，回收成本较高，板房废弃垃圾的处理成了灾区面临的一大问题。彭州某小学老师曾告诉朱涛，在刚搬进板房校舍里的第一个星期，他班上一个女生因室内闷热，每20分钟会晕倒一次。为了降温，老师就往教室地面上泼水。但他不知道，因为板房窗户太小，位置太低，又没有高窗透气，地面蒸发起来的水汽郁积在教室空间内不能有效散出，结果适得其反。相形之下，纸管校舍物理性能更好，也更环保。

邓永健愿意试试新生事物，但直到纸管运来，他还是心存疑虑：纸管能抗压、防水、防火吗？靠中日大学生和小学体育老师自己建，能赶得上9月开学吗？最终建好的“纸房子”由370根纸管构成，刚启用一周，就遇到了成都几十年不遇的大暴雨，它安然无恙。邓校长放下心来——在新校舍建好前，用上三五年没什么问题了。

“纸房子”毕竟只是一个个案。如果不能大批量生产，非常规建材和建造势必带来高成本、低效率。美好而难以大量复制的“纸房子”，似乎成为“新校园计划”的一个象征。

为了忘却的纪念

刘家琨用再生砖和小框架实现的第一件作品并不是民房，而是一个小小的个人纪念馆。这是为在地震中死去的聚源中学初三（一）班学生胡慧珊修建的。以灾区最为常见的坡顶救灾帐篷作为原型，表面施以乡村最常见的抹灰，像灾区常见的一样，室内外均采用红砖铺地，只是门前种了一棵桂花树。在刘家琨朋友樊建川提供的地震博物馆旁的田间地块上，这个小房子单纯、朴素、普通，但足以勾起人们对地震的集体记忆。

刘家琨是5月28日在一次去聚源中学时遇到胡慧珊的父母的。现在回想起来，是刘莉珍藏的女儿的脐带、乳牙那份细微具体的东西和胡明的坚强骄傲紧紧抓住了他。“再生一个女儿，还是叫胡慧珊！”这成了刘家琨和失去儿女的父母间的一个约定。

6月21日再去聚源，刘家琨吞吞吐吐说出这些天来萦绕于心的想法：为他们的女儿建一个小小的纪念馆。接下来的感激让他始料未及。“我一直有点怀疑我这个想法在目前的生存现实下也许太过诗情画意，也许对他们不是实际帮助，而胡明的话使我不再怀疑。那些实际的物质困难，都是身外之物，对心灵的安慰才是最深切的安慰。”

一束光从屋顶圆孔射进来，投下希望。刘家琨打算按胡慧珊的喜好把室内装饰成粉红色，里面陈列她短促一生中留下的少许纪念品：照片、书包、笔记本、乳牙、脐带……“她的一生没来得及给社会留下多少痕迹，她不是名人，她是个普通女孩，是父母的心肝。”

“这个纪念馆，是为胡慧珊，也是为所有的普通生命……对普通生命的珍视是民族复兴的基础。”后来，刘家琨听到一个好消息，胡慧珊的妈妈又怀孕了。他觉得自己的设计有了超越建筑的意义。

后工业时代的大工厂

“798”在北京的自发兴起，使得“工业遗产”不再停留在一个概念上。但“798”缺少点什么？首都博物馆文物征集部主任王春城认为，缺少与之相连的工人和产业记忆。

王春城曾代表首都博物馆，联合北京工业促进局进行工业文物的征集。他画了两条线——100年以上的工厂和50年以上的工厂，一方面是为了博物馆馆藏方便，另一方面也是由北京工业史的特点决定的。在封建社会，北京一直是一座消费型城市，它的近代工业起步于清光绪九年（1883年），清政府在京西三家店创办了为军械服务的神机营北京机器局，1897年后为京汉等铁路的通行，又建立了长辛店机厂、长辛店电器修缮厂等。到民国初期，北京的工业只有一些小型的玻璃厂、火柴厂，大工业、重工业基本无从谈起。王春城调查发现，这些100年左右的工厂已经所剩无几。而50年以上的工厂大多建于新中国成立初期，当时大工厂成为衡量现代化的一大标准。1956年，在“要把首都建设成具有一定规模的现代化工业城市”的目标下，北京新建了大批工厂：东郊棉纺织区，东北郊电子工业区，东南郊机械、化工区，西郊冶金、机械重工业区。到1979年，北京重工业总产值的比例高达63.7%，居全国第二位，成为重工业占主导地位的城市。这样的工业布局在20世纪90年代被打破，工厂开始退出城市。王春城说，50年以上的工厂基本已迁走，但因为各种原因还没完全拆掉的，城六区内还有300多家。

陈世杰是北京工业促进局产业布局指导处的处长。20世纪80年代以来，他们部门的工作重点之一就是一点点地把“污染扰民”企业迁出北京。一开始的工作思路很简单，无非是卖地、拆房子。就这样，80年代至今，300多家工厂从北京消失了，机器厂房变成固体垃圾，原址竖起高楼大厦。对污染扰民企业的关、停、并、转、迁，通过“退二进三”（退出第二产业，发展第三产业）、“退二进四”（退出二环路，迁入四环路以外）等形式，国棉一、二、三厂、北京钢厂、火柴厂、一轧、一机床、起重机械厂、光华木材厂、齿轮厂等都拆掉了，纷纷成为房地产开发对象。最典型的例子是在CBD大望桥附近，牛栏山酒厂变为SOHO现代城，北京啤酒厂变为苹果社区，广渠门东五厂变为富力城，内燃机总厂变为珠江帝景，工厂聚集的“铁三角”摇身一变，成了“金三角”。

直到2003年，陈世杰他们开始反思这种拆工厂的做法。那时候，上海从M50、8号桥开始，提出改造旧工厂，植入创意产业，并为几十家工厂挂牌“创意产业基地”加以保护的做法。而北京自发兴起了“798”。陈世杰说，或许是因为上海历史短，更重视对近代工厂遗产的保护，北京却倚仗千年历史而不把它们放在眼里，这段工业记忆正迅速消失。比如，京棉二厂的锯齿形厂房要被拆除，这就意味着这种厂房在北京的永久消失。以前对烟囱是见一根拔一根，拔着拔着发现，烟囱成了稀缺资源了。不久前，陈世杰在景山后街发现了一根，不拔了，成了地区的标志物。

开发商当然不会留恋这些工业时代的遗产。而厂长们因为担负着任期内的工厂经营，一次性卖掉土地才符合其利益最大化原则。因此，工厂在几大推力下加快了消失的速度。但陈世杰渐渐发现，保留工业遗产并不是赔本买卖，相反，通过他们对751工厂改造的案例，发现现在建筑面积比土地值钱，而旧建筑比新建筑租金高。他们算了一笔账，5年的租金就等于卖地的钱。

陈世杰说，我国工业遗产保护刚刚起步，现在对工业遗产并无划分标准，也没有相关保护政策。近些年，工业促进局开始对要拆迁卖地的工厂说“不”，它们在这一环节拿不到土地出让的相关优惠了。而对于要改造旧厂房作为创意园区的工厂，则效仿上海挂牌鼓励，并可申请几百万元到上千万元的政府资金。而依照上海经验，三分之一保留，三分之一改造，三分之一开发，他认为，这是各方利益均衡的做法。

2005年，北京的两大工业符号——首钢和焦化厂启动搬迁，为工业遗产改造提供了另一种可能。设计者希望的方向是工业遗产公园，因为这里少有“798”那种艺术家工作室式的大厂房，却有着工业特征鲜明的烟囱、焦炉、冷却塔。

焦化厂，抢救下来的工业遗产

行至北京五环路化工桥，遍布高楼大厦的天际线上突然冒出6根大烟囱，两个一组，整整齐齐排列着。清华大学建筑学院

搬迁中的北京焦化厂

副教授、清华安地建筑设计顾问有限责任公司总经理刘伯英说，这里曾是著名的垡头工业区，机械化工产业的聚集地。如今，道路和桥梁的名字没变，但工厂都已搬走或拆迁，只剩下北京焦化厂——那6根烟囱所在地。

焦化厂周围是一个自成一体的小社会，学校、医院、住宅一应俱全，邻居彼此也都是工友。50多年来，工厂是他们的活动中心，但如今大门对他们关闭了。2006年7月15日，厂长张希文走上历史最久的1号炼焦炉推焦台，缓缓推动了最后一炉焦炭出炉。之后机车汽笛长鸣，红红的焦炭在熄焦塔下冒出团团白色的蒸汽，几乎把整个1号炉全部遮盖住。这标志着有47年历史的北京焦化厂正式停产。在场的原炼焦分厂厂长、66岁的李桂树禁不住潸然泪下："我从一建厂就来这里工作，心里很舍不得。"

一切都在顺理成章地推进。人可以搬走，机器可以拍卖，搬不走的厂房和设备似乎只能爆破拆除，变为固体垃圾。这块124万平方米的土地，以19.5亿元的价格被国家收购，暂存在土地储备中心。不出意外，这块土地会成为新的"地王"，旧工厂即将被高楼覆盖。事实上，按照原计划，焦化厂应该在2006年底全部拆迁完毕。

但作为北京的工业符号，首钢和焦化厂引来了人们在"工业遗产"层面的更多关注。首都规划委员会副主任邱跃和副总规划师温宗勇委托刘伯英做首钢和焦化厂工业遗产保护利用的相关调研。刘伯英说，相比首钢的缓慢搬迁和复杂利益关系，焦化厂的问题要单纯些，这让它的命运首先有了转机。2006年5月，当北京城市总体规划编制到垡头地区时，"首规委"也组织专家去焦化厂考察，厂里工业特征鲜明的大型设施让他们震撼。他们给北京市政府写了报告："暂缓拆除，论证申报'工业遗产'的可能性。"拆除在最后一刻停下了。

焦炭是怎么炼出来的？

焦炭是怎么炼出来的？李桂树说，如今的人们都无从体会，无从想象。保留下这些炼焦厂特有建筑和设施，也是对一种工业、一个时代记忆的留存。

1959年，18岁的学徒工李桂树第一次来到他的新工厂，看到的还是一片荒芜农田。他那时刚从上海和鞍山培训了一年炼焦技术回来，一辆大卡车从永定门车站接他们，他忍不住感叹："好家伙，这么远！这还是北京吗？""大跃进"如火如荼时，北京上马了不少新工厂，焦化厂也在这一时期作为"国庆工程"筹建，整个工厂从筹建到建成仅8个月。李桂树当时看到的工厂大门还保持原样，黑色牌匾上方是朱德题写的厂名"北京炼焦化学厂"，足见焦化厂当年的地位。但如今人去楼空的工厂里戒备森严，无关人员不得进入。

一进门的厂办公楼、工人俱乐部都保留着苏式建筑风格，据说，办公楼贴的是建人民大会堂剩下的瓷砖。李桂树说，楼前的小广场现在是升旗的地方，以前还有一座毛主席像，"金色的，很高大"。

焦化厂兴建前，北京主要以煤为取暖燃料，那时候的北京，一到冬天就满城冒烟，天空始终是灰蒙蒙的。1959年11月18日，北京焦化厂建成投产，新中国自主研制的1号焦炉推出了第一炉焦炭，第一次将人工煤气通过管道输送到市区。"三大一海"（大会堂、大使馆、大饭店、中南海）等单位成为第一批煤气用户，结束了北京没有煤气的历史。"那天万里来剪彩，这个日子我们都记得很清楚，后来成为厂庆日。"李桂树说。

焦化厂的厂区四四方方，非常规整，一条主干道清晰划分出炼焦和化工的分界线。沿途各种工业构筑物勾勒出焦化生产的整个工艺流程：原料→备煤→炼焦→制气→煤气精制→回收。

在刘伯英眼里，这也是焦化厂能够被改造成工业遗产公园的先天条件。

直到现在，创造了历史的1号焦炉还是焦化厂最具标志意义的建筑物。这个黑色的庞然大物长14米、高4.3米，均匀排布着65个炭化室，有种井然的韵律美。李桂树曾做过这一焦炉的装煤车、推焦车、拦焦车、熄焦车司机，他还记得，这4种车的协同作业才能完成一炉焦炭的出炉。顺狭窄的楼梯走上楼顶，这里是整个焦化厂工作条件最艰苦的地方。焦炉烧好后，装煤车从煤塔受煤后将煤装入炉顶的炭化室，每个炭化室对应3个装煤口。工作起来焦炉内温度高达上千摄氏度，地面上铺的耐火砖已经变黑，据说，在上面工作的工人要身穿厚厚的白色防护服，特制加厚牛皮底靴子，有好事者曾在腿上绑上温度计，从焦炉一头走到另一头测，温度高达80多摄氏度。李桂树说，炉顶工种的补贴也是最高的，20世纪50年代末就一天补贴3毛钱，“吃小炒，熘肉片、木樨肉、油饼、牛奶”。当时大家还挺羡慕的。

煤烧到一定时间后，一部分通过集气管，最终变成通往千家万户的煤气。李桂树说，因为焦化厂承担了北京市70%的煤气供应，生产就不能出丝毫差错，这也是它受重视的原因。另一部分煤则变成焦炭，主要供应首钢。李桂树说，焦化厂和首钢一直是唇齿相依的关系，现在又同时搬迁至河北。焦炉附近停着巨大的推焦车、拦焦车、熄焦车，保留着“红旗号”“共青团号”的命名，可以想象当时热火朝天的工作场景。推焦机和拦焦机分别摘掉炭化室两侧的炉门，推焦机将焦炭推出后，经拦焦机落入熄焦车，再运送出去。这三种车要在一条直线上，才能确保焦炭安全出炉。一开始，还是靠吹哨指挥操作的。人工难免出差错，三车若没对接好，火红的焦炭会直接送到推焦车上，或者推到地上，工人们称为“红焦落地”，这就是生产事故。后来都改成机械化连动装置了。

焦炉附近的高温、粉尘让人难以忍受，不一会儿，白衣服全变成黑的了。李桂树说，他们一般都是工作10分钟，下来休息四五分钟。如今，二楼平台上还有工人们聚在一起休息时的桌椅，落满了煤灰和粉尘。

在刘伯英的想象里，炉顶上是一个天然的露天平台，“可以改成咖啡馆、酒吧，服务员穿上厚底鞋、防护服，模拟炼焦的情景”。而这样的先例也有迹可循，在德国鲁尔区多特蒙德市的汉萨炼焦厂中，一个类似的大型焦炉就被完整保留下来，周围做了供市民公共活动的景观水池，冬天就变成了溜冰场。

像这样的大型焦炉原本有6个。均匀分布在6根烟囱的旁边，两个一组，共用一套车辆。容积最大的是5号、6号焦炉，高6米、长16米。遗憾的是，如今3号、4号焦炉已搬走，以300万元低价卖给了别的焦化厂。

从焦炉里出来的焦炭，要经过几个不同大小的筛子进行分类，不同大小的焦炭有不同用途，比如直径40厘米到80厘米之间的焦炭用于冶金，80厘米以上的可用于铸造行业。这样分出来的各种焦炭经过皮带运输通廊送往各生产工序，再通过火车运出。从筛焦炉伸出来几条长长的运输通廊有水平和倾斜两种，通廊上均匀分布窗户，在空中错落有致，整个系统气势雄伟，系统性和整体感很好，与前方的空旷场地形成很好的工业场景。刘伯英说，这里还差点举办过一场摇滚音乐会，甚至都不需要做什么布景改动，但最终因赞助的问题没办成。

存放储备煤的空场上还残留着没清理干净的煤渣，一台巨大的堆取料机停在那里，形似一个巨大的齿轮。这一机器是焦化厂的标志物之一，类似的机器在德国的工业遗产公园里会直接作为景观雕塑。

厂区尽头是一段向远处延伸的铁轨，原本用作煤的进厂和焦炭的出厂之用。这段铁轨通向百子湾车站，再从那里与城市交通系统连通。刘伯英说，这段铁路今后可以利用为工业旅游的交通线路。翻车机房是焦化厂里另一个有代表性的设施，运煤车皮会在这里被翻转，原煤自动倾倒而出，这是焦化厂特有的景象。如今，铁轨上只有两节车厢静静停着，四周荒草长到半人高，一个看铁路的工人孤零零立在那里。

以工厂的主干道为明显分界，告别了与焦煤相连的部分，就进入化工生产区。刘伯英说，这两部分在国外有个形象的说法，叫作“黑区”和“白区”。从表面上看，“白区”似乎更干净整洁，以不同的颜色来区分进出不同气体的管道，看起来还有几分现代设计的明快。这里也确实是焦化厂进一步发展的见证，以炼焦起家的焦化厂一度被批评为“只焦不化”，后来才发展了越来越多的化工生产线，也成为近年来一大利润来源。但一旦走入其中，还能隐约闻到一股化学制剂的刺鼻味道。李桂树说，这是残留的硫、苯等化学品的味道。工人们也深知这些东西对人体有害，因此宁愿去“肮脏”的炼焦生产线，也不愿来“整洁”的化工线。

蓝色、绿色、黄色……各种鲜艳的管道是这一区域的最显著特征。有的像迷宫一样排布在地面上，有的架在空中，刘伯英说，这些管线廊道可以改造为游客观景的步道和平台，就像在鲁尔区的北杜伊斯堡公园内实现的那样。

此外，这一区域还分布着各种气体发生罐、回收装置、冷却塔，有圆柱形、双曲线形，工业特征明显，标志性强。刘伯英说，这些特殊构筑物适当装饰外观再配上灯光，即可成为凸显工业文明特征的城市景观。通过适当加建，还可对其内部空间进行利用，可改造成为观景塔、小型博物馆、创意工作室等。比如在鲁尔区的奥博豪森市，当地钢铁厂有一个储气柜，工厂停产后被保留了下来，通过改造分成三个层面进行利用，底层是展览厅，中层为体验先锋视听艺术的场所，顶部则被改造为观景平台，可以鸟瞰整个鲁尔工业区。现在已成为鲁尔工业旅游路线上的一个重要景点。

有污染的区域就有处理污染的设施。焦化厂里就包含一个污水处理厂，由4个巨大的圆形水池组成。走在混凝土水池上方，可以看到水里的错综排布的钢管。刘伯英说，在北杜伊斯堡公园内，也有一个类似的污水处理池，后来换上清水，改建成景观水池，污水处理设施和设备也被保留下来，作为公园的雕塑和景观小品。

颠覆“798”的工业遗产公园？

要变成一个后现代的工业遗址公园，一大难点在污染处理。李桂树说，受煤烟污染的区域处理较容易，受焦油污染的则需要全部铲除并置换新土，土壤修复的成本会很高。

在著名景观设计师、德国鲁尔区北杜伊斯堡公园设计师彼得·拉茨（Peter Latz）看来，这样的污染地块建住宅或者写字楼是难以想象的，成本会高得多，也难以除污彻底。但对建公园来说不是最大的问题，土壤修复后，残余物会随时间一点一滴自清洁。就像他在北杜伊斯堡公园所做的那样，艾姆舍河流经整个工业区，吸纳各厂排出的污水，形成了一条绵延400公里的污染带。而现在，艾姆舍河床下面铺设了排水管道，而管道上面则是清澈的河水，成了整个北杜伊斯堡公园的一条生命线。

彼得·拉茨的北杜伊斯堡公园解答了一个疑问：不作为“798”式的艺术家乐园，这些大规模工业生产工厂的残余——庞大的建筑物和工棚、巨大的矿渣堆、烟囱、鼓风炉、铁轨、桥梁及起重机等——能否真正成为公园的基础？拉茨曾在安地公司副总建筑师杨鹏陪同下来焦化厂参观过，他在采访中对记者说，他主张尽量少地改变原状，尽量多地保留已有的东西——首先是工业产物，然后是工业衰败遗迹，然后是自生植物。而焦化厂的一切，在他眼中已经是一个工业遗产公园了。

不远处就是“欢乐谷”旋转的摩天轮，这更增加了设计者的信心，焦化厂或许能为这条游线增加一种工业景观，以大烟囱为标志。

生态城，改变的种子？

可再生能源，环保型产业，基于人行而不是车行，像细胞一样有机生长的社区……正在一片被污染土地上生长出的一切，如同现实中工业化城市的反面。撒播在天津滨海新区这颗奢侈的“生态城”种子，能够遍地开花吗？

从天津走高速45公里看到这片无边际的劣质土地，很难想象将要到来的颠覆性转变。三分之一污水，三分之一盐田，三分之一荒滩……别说城市，这里连村庄的影子都看不见。工人们正在起步区将土壤翻扬，整片30平方公里的前期土地整理显然是一项浩大的工程。

“生态城要选在缺水地区，不占耕地。”时任中国城市规划设计研究院总工程师的杨保军主持天津中新生态城总体规划，他解释，这是根据我国的资源现状确定的。“中方的关注点，一方面城市要发展，另一方面要确保农业安全。土地资源极其紧张，水资源也比较紧张，因此要选择缺水的地区。作为生态城市，还要对原有的生态系统进行改善。”

“上海东滩生态城项目暂停了。除了它是自下而上的企业行为，难以推动外，它的选址也有问题，那里不缺水，不缺地，生态环境特别好，在这种地方动土，其生态意义就削弱了，某种程度上甚至是种破坏。否则所有风景好的地方都可以建生态城了。”

中新生态城的提议始于新加坡国务资政吴作栋2007年4月对中国的一次访问，他对温家宝总理提议，新加坡与中国在华共同建设一座社会和谐型、环境友好型、资源节约型的城市。基于缺水地区、非耕地标准，中方提出了两个西部备选城市——包头、乌鲁木齐，又在新加坡的要求下，加上两个东部城市——唐山、天津。

杨保军认为，这种由国家层面自上而下的力量，对于建一座颠覆性的中等规模城市至关重要。中新前一阶段合作的代表是苏州工业园，属第二产业。这一次发展阶段不同了，中国特大城市已经进入到二、三产业并举了。要应对全球气候变暖、生态危机这些大的主题，在产业选择上主要是第三产业，也就是现代服务业。新加坡在这方面也有一定的优势，尤其擅长在缺水条件下的水资源利用。

“站在新加坡角度，建生态城要能复制，能实行，能推广。”新加坡国家发展部下设在中新生态城管委会的办事处副署长李文义说。因此，除了中方提出的水源缺乏、非耕地两个条件，其他如各城市的经济发展实力、地理位置也纳入了考虑范围。最终天津在四城市竞争中胜出，显然滨海新区的增长潜力和政策倾斜是一大优势。

滨海新区是“深圳—上海—天津”三部曲中的新增长极。生态城管委会副主任蔺雪峰此前任天津规划局副局长，他介绍，不同于前两个阶段，深圳经济特区主要是引入加工制造业，而浦东新区则是以高端制造业、现代服务业、金融业为主，而滨海新区则担负着两大新使命：一是要辐射周边区域，推动京津一体化发展；二是要转变发展方式，引入环保产业，可持续发展。

荒地上一栋易辨识的红色节能建筑就是生态城管委会所在地，这里集中了生态城所有的管理部门。蔺雪峰说，从生态城的管理体制也可以看出滨海新区最大的优势，“先行先试”。“借鉴了新加坡的统一行政管理体制，有点像‘大部制’。如将供水、排水、污水处理和环境卫生等职能，全部归入环境局统一管理，而不是按我国现行体制放在建设系统。这就避免了目前我国城市管理中‘多龙管水’的体制弊端，也减少了部门间相互推卸责任的问题。”

翻开天津的地图，很容易发现，中新生态城的位置比较敏感。从北京到天津，整个生态系统西部有燕山、太行山，中部过渡到河流，最终要向东流到天津入海。由山到平原到河谷到出海口，这些地方是生态比较敏感的廊道。而整个区域的河流汇聚于生态城内的永定新河，此处是众多河流的出海口。与之同时，随着滨海新区东部滨海发展带的开发建设，港口、码头、城市一路建过来，直逼永定新河南边的河口。“如果把这个河口逼得太紧了，整个区域将面临很大的生态风险。”杨保军感到遗憾，规划没有在选址阶段就介入，“生态城选在这个河口处，把生态通道缩窄了。”

绿色城市≠生态城

什么是生态城？在最初面对这30平方公里土地时，并没有成熟理论和实践可以借鉴。杨保军说，之前的零星实验主要集中在欧洲，都是局部的、实验性的，顶多一两平方公里，用一些生态技术，如节能减排、循环经济、再生水、可再生能源利用、垃圾处理回用等。

1898年，英国人霍华德创立了“田园城市”理论，被认为是现代生态城市思想的起源。而1984年，“人与生物圈”（MAB）计划提出生态城市规划的五项原则：生态保护战略；生态基础设施；居民的生活标准；历史文化的保护；将自然融入城市。这成为后来生态城市理论发展的基础。

参与生态城指标体系制定的中国城市规划设计院城市水系统规划设计研究所副所长孔彦鸿表示，之前我国相关部委制定的“园林城市”“森林城市”“绿化城市”指标更倾向于自然生态概念，这也是大众对生态城的一个误区。“生态城市不是绿色城市，不是低密度，别墅区”，单独评价环境的生态性没有多大意义。一座沙漠花园从环境的角度评价是生态的，但是它造价高、后期管理难，从整体上来说，它在人类的社会系统中是不生态的。

香港是一个可借鉴的例子。杨保军说：“香港是个建筑、人口密度都很高的城市，从局部密度来看它是不生态的；但是，香港有75%的土地未开发，它仅仅用了不到20%的土地，却创造了深圳创造财富的七八倍。从社会、经济、环境整体效益的最优化这一角度出发，香港是很生态的一个城市。”因此，天津生态城的26项指标体系遵循社会、经济、环境整体评价的复合生态概念，突出生态保护与修复、资源节约与重复利用、社会和谐、绿色消费和低碳排放。

“‘自然湿地净损失为零’是很关键的一项指标，是限制开发中的一大砝码。”孔彦鸿说，原址含水库、河流故道、盐田、鱼塘，湿地面积非常大。勘测发现，能开发利用的土地非常有限。而在规划出台之前，天津方面已与新加坡开发商签订了一份合同，允诺其在30平方公里的生态城区域内预留出12平方公里左右的地域，作为其商用住宅开发用地。达到这一开发强度就意味着湿地的损失，为此开始了一场环保与开发之间的湿地保卫战。

在最初的三家方案竞标中，新加坡的方案是把永新河口三角洲规划开发的，水库、永新河故道被填掉了，而中规院方案则依据“自然湿地净损失为零”保留了基本通道。随着中规院的中标，这一区域基本保留了下来，设定为河口湿地景观区。

同样保留下来的还有西部区域的大黄堡—七里海湿地连绵区，这里位于蓟运河西侧，是鸟类栖息的天堂，每年都有许多南迁的候鸟在此处落脚，是鸟类迁徙的一个“备降机场”。“既然要打生态城的品牌，就不能做一个事情，为了一个小的局部的生态而去破坏一个大的生态。”杨保军说。最终是部分利用部分保留的折中方案，预留七里海湿地鸟类迁徙的驿站和栖息地，比如在河道转弯处填土造岛供鸟类栖息，保障湿地连绵区向海边的延续。

水资源缺乏和污染是天津生态城的一大难题。除了自然资源缺乏，区域内还有一个很大的污水库，自20世纪70年代开始，周边化工厂污水就排放至此。李文义介绍，新加坡同样面临着水资源短缺的挑战，但成功采取了被称为“四水喉”的四大策略来解决——集水区的积水、从邻国马来西亚进口的水、再生水和海水淡化水。在天津生态城中，借鉴了新加坡经验，其中一项重要指标就是在2020年之前，非传统水资源的利用率不少于50%，非传统水源包括了再生水，海水淡化水和雨水。

“以节水为核心，实施水资源的优化配置和循环利用，开发雨水收集和污水回用系统，污水集中处理和污水资源化利用工程，提高再生水和淡化海水等非常规水源的使用比例。”蔺雪峰说，中新生态城未来每年减少的常规用水量“相当于3个杭州西湖”。

按照国家规划，到2020年，我国可再生能源在能源结构中的比例要达到15%，孔彦鸿他们就在生态城制定了20%的可再生能源指标。但实际上，这一区域利用可再生能源有劣势，地热？这里自然条件不好；风能？要占地，还有视觉污染。几项常用的可再生能源都难以大规模推广。恰好生态城北边新建了一个热电厂，是另一个项目的配套设施，有好多热能和电能没人要，就纳入了生态城的可再生能源循环中。

社区里的有机生长

“如果你在大城市的中心区工作，一个周边的新城环境搞得很漂亮，那里对你说，买辆车，搬到我们这儿来吧。堵车？没关系，我们可以修地铁，铺轻轨。有了这样的手段，你就住得越来越远。”这是杨保军在规划中最常遇到的场景之一。“这是亡羊补牢。最不成功的规划就是先制造很多麻烦，然后再用高明的手段去解决这些麻烦。买新城房子的人在城中上班，或者住在城中的人在新城上班。这种错位带来的是什么呢？整个城市运行成本会成倍增加。”

“世界上建了很多新城，大都不成功。”杨保军去考察过公认的新城典范——英国的米尔顿·凯恩斯，它的一个指标很重要——“就地就业率”达到70%，也就是有70%的人生活、工作在同一个区域。“就地就业率”越高，迫不得已的出行率就越低，因为通勤是最大的出行。杨保军当时提出了60%的指标，最终争论的结果是50%。这涉及生态城后续的一系列产业引入、交通组织、配套建设问题。

作为“生态城”品牌的一个延伸，这一区域引入的也都是“生态产业”。蔺雪峰说，未来环保领域是一个发展方向，无论技术、设备、研发、生产，都是很大的市场，比如再生水、地热、垃圾处理，现在就有很多研究。除了环保企业，还设计了一个生态论坛，跟新加坡联合办一个学校，研究生态环境修护、污染土壤治理等。

针对这些就业人员的居住，吸取僵化的“城市功能分区”——即工业区、商业区、居住区割裂的教训，生态城引入了新加坡“生态社区”经验，把功能有机分散到城市肌理中。杨保军说，这是一种由内到外的扩散。基层社区大约400米×400米范围，构成一个“细胞”。其中配备运动场、门诊、学校、文化设施等日常生活基本设施，以此为中心，大家共享一个中心，形成认同感和归属感，由步行系统贯通。四个细胞构成一个“社区”，服务半径约500米。再向外扩散是“片区”，最终构成“城市”，随之附加越来越高一级的功能。生态社区原则是将资源均等化共享，尽量缩短居住和就业的可达性。是一种有机生长模式，就像小孩从小到大。

对新加坡新市镇的考察让蔺雪峰印象深刻。新加坡的华人占80%，其他还有马来人、印度人等。法律规定，每一个社区中都不能只是单一种族，要保留不同种族的混居。社区中对子女为父母买第二套房提供优惠，提供养老的便利。而社区中心兼业主委员会、物业、选区等功能，提供了更多的公共服务和居民参与。在生态城中，廉租房、经济适用房的比例规定了20%以上的指标，用于原址村民的安置和生态城里的低收入者的居住；中产阶级住房约占60%；高档住区约占20%。另一点借鉴的是新加坡的“公屋”制度，这一制度为新加坡的经济发展起到了重要作用。新加坡80%的人住在公屋中，公屋与公积金制度相联，公积金又负担了公民大部分的医疗、养老费用。蔺雪峰说，公屋制度可对生态城中的廉租房、经济适用房制度制定提供参考，如公屋是一个封闭循环系统，允许买卖，但只能卖给有资格购买的人，而卖出公屋的人还保留一次再购买权。

自行车和步行的城市

“就地就业率”指标也带来了城市交通模式的转变。“如果有70%的人要到外面上班，那对外交通就要非常方便。否则就是内部交通，生态城一共就30平方公里，从边缘到边缘才五六公里，从边缘到核心才两三公里，开车犯得着吗？骑自行车就到了。更近的几百米，走路就到了。这样设计的时候就主要是步行的道路，林荫道，没有车来干扰，路边有商店。”

城市交通是为了车还是为了人？这是一个传统的选择题。因为惯性，城市首先关注高速公路，然后是快速路，主干道，次干道，支路。步行道都不怎么考虑，就附着在车行道边上就行了。这是以车为本的思路。杨保军举例，在解决大都市拥堵方面，巴塞罗那和亚特兰大就形成了一个绝妙的对比。巴塞罗那有280万人，属于紧凑型城市；亚特兰大有250万人，遵循汽车模式的城市发展路径。巴塞罗那靠公交解决了交通问题，只用了90公里的地铁就让60%的人的出行得以解决。而亚特兰大为了装下同样多的人，建城区面积是巴塞罗那的26倍。显然，生态城要选择巴塞罗那的公交模式，“否则又耗能，碳排放又高，怎么可能生态呢？”因此，生态城提升公共交通和慢行交通的出行比例，减少对小汽车的依赖，创建低能耗、低污染、低占地、高效率、高服务，有利于社会公平的交通模式。规定内部出行中非机动方式不低于70%，公交方式不低于25%，小汽车方式占总出行量的10%以下。

“我们用设计来诱导它，使用公共交通就很方便，开车就很不方便。”杨保军介绍，天津生态城在特大城市的边缘，向外的出行一是去滨海新区，一是去老城。如果这两大出行靠小汽车，不知道要修多少条道路。正好有一条轨道线从生态城边几公里处掠过，可以到达天津，也可以到达滨海新区中心，杨保军就要求把它移到生态城内来，在四个组团中心设站。“如果坐轨道，500米内都能找到停靠的站，70%的人走两三百米就能上地铁了，或者骑自行车，有很方便停靠的地方。如果开车来呢？对不起，首先是路不顺，没有路一下子走到，要拐来拐去。第二，很多地方还拐不进去，限制停车。停车在生态城外围，可以租自行车给你，或者换乘公交。在生态城内部，设了自行车专用道，不与汽车并行。餐馆、商店的门不是冲着小汽车的，是冲着自行车和步行的。小汽车只能开到商店背面，再下车走过来。没有那么多资源提供给你。你来选择。”

这种绿色交通模式与土地利用的结合，实现了“TOD”（公共交通主导发展）模式。围绕轨道交通的四个站，在站周围进行高强度开发，把大部分就业、商业设施都放在附近，一出站顺路买东西，买完就回家。站附近开发强度是最高的，逐渐以低密度的开发向外延伸。这样就尽量让少部分人走得远，大部分人走得近。边缘的开发强度最低，是生态廊道、散步的地方。从天际线看，像一条抛物线一样。

新造城运动？

由天津开始，“生态城”已经成为中国最炙手可热的城市化标签，在上百个中国城市中展开了竞赛。上海、天津、哈尔滨、重庆、常州、成都、秦皇岛、日照、贵阳、唐山、襄樊、长春、长沙等城市纷纷提出要建设生态城市，海南、吉林、陕西、福建、山东、安徽、江苏、浙江等十几个省份也都提出了建设生态省的奋斗目标。

“真正要做的没那么多。”杨保军经常被地方市长问到有关生态城的问题，他觉得，不排除有一部分是在赶时髦，贴标签。就像之前风行的几轮“造城运动”，借名目立项、圈地。国家重视教育就搞大学园，重视招商引资就搞开发区，重视服务业就搞创意产业园。“生态城现在是说得多做得少。一个原因是，没有一个样本让大家看到，都觉得不确定，碰到金融危机怎么办？所以这是一个普遍觉醒的过程。”

中科院2009年发布的一份报告称，在全球118个国家参加评价的2004年生态现代化指数排名中，中国排在第100名，位居倒数第18名。在中国快速的工业化和城市化进程中，能源消耗的大幅上升，道路上汽车数量的明显增加，以及数以百计燃煤电厂的建设，都对环境造成了负面影响。中央政府实施的节能减排计划在全国各地被越来越严格地执行。“各地政府节能减排的任务很重，被压得喘不过气来。所以很多地方也是真想找到生态转型之路。”杨保军说，他们最近在做山西西山地区发展研究，那里充斥着“一五”时期的煤炭、化工、机械等重工业，所有的水全是劣五类，省政府把转型作为头号工程，推进节能环保、生态循环。首先搬迁了煤厂。这些事情在一点点向前推。

被称为“生态城之父”的芬兰学者艾洛·帕罗海墨曾到天津生态城考察，惊讶于他在欧洲倡导了几十年未果的理念正在中国成为一种新潮流。他认为，中国各级政府在城市建设中拥有更大的主导权是一个原因。帕罗海墨的中国助手、中芬汇能科技公司副总裁刘宁介绍，帕罗海墨曾形象地将在中国建设的生态城比喻成一种生产，就像委内瑞拉生产石油、瑞士生产手表一样。

“如果中国建设成功世界上第一个前卫的生态城，这城市就具有了一个商标。它将吸引大量游客，西方的建筑师、城市规划师、政治家也会前来取经，产生不可思议的旅游收入。而且，作为一个产品，它还将销往世界的每一个角落。”帕罗海墨说，“第一个生态城不可能改变世界，但它是一粒改变的种子，种子会长成一棵树，大树周围又会形成茂密的森林。”

地下“异托邦”，共享空间的可能性

异托邦

北京亚运村安苑北里某地下室。一进去，脚下就是一汪水。林木村开玩笑说：“这儿能养金鱼了。”眼前是一条长长的甬道，昏暗、幽深，四周分隔成迷宫般的格子间。这个地下室已经清空住户，留下斑驳的灰白墙面、纸糊的窗户、裸露的电线、凌乱的晾衣绳，还有空气里驱不散的潮湿阴凉。

林木村早已习惯地下室特有的氛围。自从两年前实习期间开始协助周子书做起有关地下室的调研，这个戴着大大黑框眼镜的小姑娘就骑着自行车转遍了北京望京大大小小的地下室。一开始特别忐忑，有的地下室走廊一眼望不到头，白天基本没人，偶尔对面来个人，还是在逆光中看不清面孔，吓得她总是走一半就退回去了。再加上管理员的质疑、冷漠，一天下来经常一无所获，她忍不住在晚上回去的路上大哭。后来慢慢摸索出经验，比如如何快速发现地下室：第一，有显眼的绿色地下防空标志；第二，绿植上挂着衣服的，往往地下室就在附近，因为地下衣服干不了，必须要晾在外面，这也是地下与地上居民的一个冲突点；第三，居民楼小商铺门口，往往也是地下室入口，因为地下室管理员一般晚上在下面看守，白天没什么人，他就在门口开个小商铺挣钱……经过几个月的调研，周子书他们发现，其实地上、地下年轻人的心态并无多大差别，而地下年轻人展现出来的活力和求知欲甚至比地上人群更强。比如他们在访谈中遇到一个汽车修理工，由于工作关系，他很想去学新能源和环保："现在很多人非常无聊，只知道房子、车子和女人。"另一个小伙子梦想成为一个平面设计师，在花了9100元培训费之后，他还是成不了设计师，因为那不只是学软件的问题，3个月后，他又做回了锅炉工。"他们就是你身边的饭店服务员、超市收银员、足疗师、理发师，为什么一抛开这些具体的身份，说起地下室居民的时候，就会有歧视和隔阂呢？"周子书自问。

引发周子书关注地下室问题的，也是一个身边的地下室居民。那是在他们工作室做饭的阿姨，偶尔聊起来，她说就住在附近的地下室，但基本与邻居们互不来往，"感觉陌生人都是骗子"。周子书想起当初在中央美院读书时，领导要他勾出一块"艺术为人民服务"的标语牌，那时想的是怎么设计好看，但是，艺术怎么为人民服务？"人民"又是谁？他并没有多想。毕业后，他去中国美术馆担任设计师，有一件小事深深触动了他：美术馆在2011年免费对公众开放的第一天，他看到一位大妈在对面隆福寺早市买完菜后，直接来到美术馆的厕所，利用免费的自来水洗菜。他觉得，这是比艺术更重要的事。关注到做饭阿姨时，周子书正在攻读英国圣马丁艺术与设计学院有关"叙事性空间"的硕士学位，这个涉及北京1.7万个地下空间、100万居民的生存状况的问题顺理成章地成为他的毕业设计题目——《重新赋权——北京防空地下室的转变》。

地下室问题其实并不新鲜。从维多利亚时代的曼彻斯特住人酒窖，到当代纽约地下的“鼹鼠人”，大都会的地下空间经常为那些刚刚到来的移民提供临时的栖息之地。北京的住人地下空间同样与都市化的迅猛发展相伴而生，特殊之处在于，它利用的是居民楼下的人防工程。周子书梳理发现，地下室的规模化始于1986年，北京规定10层以上的居民楼必须建防空地下室。因缺少专项资金维护和专人管理，很多地下室日渐破败，随后在1992年推行“平战结合、以洞养洞”的政策，而租赁居住无疑是效率最高、收益最快的方式。到了2010年，北京人口攀至新的高点，政府此时开始出台相关政策，禁止人防地下室内住人，但直到2013年初，连三分之一的清退目标都没有达到。这是由于围绕人防地下室的多方利益相关者之间存在着众多矛盾，其中包括居住在地下的农民工、地上的社区居民、作为地下室承包人的房东、相关社会企业和政府等。而目前缺乏一种新的可持续发展的商业模型，以替代目前地下室作为廉租房的运营。周子书认为，防空地下室在北京是一个典型的被异质性占据的空间——一个福柯定义的“异托邦”，它正处于不断生成和流变的社会历史过程中，并且这些过程是生态、经济、政治和道德的叠加。有没有可能通过某种社会实验打开地下室利用的可能性方案，重新赋权给各利益相关者，构建新的社会资本，实现在这个异托邦中的空间正义？

他们的第一个合作者是刘青，北四环外花家地某地下室的管理员。他31岁，自从7年前从河北衡水来到北京，全部生活就和这个地下室捆绑在一起了。管理员可以说是地下室各种利益关系的一个交叉点，他的神色里不可避免地混杂着警惕和精明。他提供了一些资料：该地区周边地下室的承租权都属于一个叫作“圣火物业“的公司，相当于他们的家族企业。像这样的一个近500平方米的地下室，被圣火公司以每年2.5万元从人防手里租下来，再以每年7.5万元承包给刘青这样的个体房东，绝对是暴利。这间地下室被分隔成14个可出租房间，每间的月租金为700～800元，年租金13万元左右。对于刘青来说，每月大约有5000元收入，养活老婆孩子勉强够，只是渐渐没了斗志，每天做完日常的维护工作就是泡在电脑前玩游戏。周子书第一次试图说服他时，他并无表示，但第二次再去，就发现入口处多了一块地毯：“我女儿都已经3岁了，如果我再这样每天混下去，那就太不像话了。”

周子书和刘青签订了合约，把这里作为第一个改造试点。首先是从视觉上消除人们对地下室的心理障碍，比如很多来到这里的人都会注意到入口处那个“地下室招租”的广告牌。如果留心，会发现那个“下”字在转动，这是周子书有意识的一个小改动。他希望促使人们停下来思考：到底是“地下室”，还是“地上室”？或者是一个蕴含无限可能的异托邦？

改造的出发点基于地下空间各利益相关者之间最显著的一对矛盾：地下居民与地上居民。他们之间的矛盾来源多种多样，比如，地下室居民晾在地面上的衣服影响了社区的美观；几乎每个地下室都从居民楼偷电；有些地下室居民没有大楼主门的钥匙，常为了自身便利把楼下的门锁弄坏，给整栋楼安全造成隐患。两者之间的隔阂要通过什么方式消除？周子书想起那个花钱去学平面设计的锅炉工，尽管是次失败的尝试，但反映了他强烈的学习新技能的愿望。如果地上和地下居民的“技能交换”得以实现，可能是同时打破双方藩篱的一种途径。

他们选取了地下室的象征符号——晾衣绳和挂钩作为视觉化语言。几百根彩色晾衣绳从天花板上吊下来，形成一面绳墙，代表了现存的隔阂。房间两边墙上各绘制了一张中国地图，一张归地上居民使用，另一张归地下居民。假设某个有技能交换需求的地下室居民来到这里，他可以在家乡处粘上一张写明基本信息和技能愿望的卡片，用挂钩固定住，再抽取一根晾衣绳系在自己的挂钩上。借助中国人潜意识里的老乡观念，如果某个地上居民通过微信平台发现需要技能交换的老乡，他可以来这里进行面对面交流，并把对方晾衣绳的另一端系到对面墙代表自己的挂钩上。周子书设想，经过多次交换，中间的晾衣绳将逐渐被系到两边的墙上，隔阂的“绳墙”变为一个包容的“屋顶”。想法虽好，但他也承认，初期的技能交换大都是在认识的人之间进行的，难免流于概念。更关键的问题是，正如他在圣马丁的导师提出的：钱从哪儿来？如果不能解决，就只是一个实验性的、公益性的空间改造方案，而不是一个可持续的商业模型。

地瓜与社区共享

周子书还记得十几年前第一次来北京的情景：很冷的一个冬日，好朋友来火车站接他，见了面什么也没说，先掰开手里一个热腾腾的地瓜，递给他一半，初入陌生城市的迷茫和孤独一下子被驱散了。如今，他也将这个地下室改造团队称作“地瓜”，象征着一种创造和分享的理念。德勒兹的“块茎系统”理论也给了他启发：“在地下的块茎系统是彼此蔓延的，没有哪个地方是开始，也没有哪个地方是结束，每个地方都能成为一个加速度，引发相连的事物产生。也像地瓜一样，生根发芽，在地下蔓延。”

周子书和他的“地瓜”团队

2015年4月初开始，地瓜团队租下亚运村安慧里的一间地下室，陆续住进里面，开始模拟典型用户的体验。选择住在这里，也是为了方便随后对附近的安苑北里地下室的改造。2014年底，看到周子书地下室项目的亚运村居委会人防办负责人主动对他抛出橄榄枝，希望他们能来这里实验，摸索出新的地下空间利用方案。居委会花了十几万元，把安苑北里两间地下室整体腾退出来，免费提供给周子书进行下一步试验。

从美国布朗大学人类学系毕业的徐乙漾在几天后搬进来，开始了对周边社区居民的调研。第一个聊天对象是美甲店的服务员，边修甲边聊。当问到她是不是住在周边地下室时，徐乙漾明显感觉到对方的不舒服。她说，5年前刚来北京是住地下室的，里面特别吵，因为旁边超市楼顶养鸽子。她强调说，现在她是“住楼上”的。徐乙漾觉得，“地下室”对这些打工者来说是一个敏感话题，似乎象征着社会阶层的划分。周子书也发现，住在地下室的人特别不愿意被贴上“地下室”标签，所以他不再强调地上或者地下，而是希望创造一个不同阶层的共享空间，让社区里的居民，无论地上地下，都愿意来这里。周子书测算，以他们目前改造的这间地下室为圆心，周围500米为半径，即步行10分钟范围内，覆盖着9幢居民楼，大约7000人。他将这种模式称为“9+1”，即用一个地下室为周边9栋楼的地上和地下居民提供有吸引力的第三空间。

周子书说，之前在花家地的改造更多是空间上的，强调如何在视觉上让人转变对地下室的既有印象，那只是第一步。现在他更想解决的不是好看不好看的问题，也不只是解决地上地下之间的矛盾，而是要去面对更大范围的社区居民需求。所以他现在的方案设计会考虑三个前提：一个是规模化，如何让更多人受益；第二是安全性，比如实行会员制，实名登记，这是构建社区里诚信关系的基础；第三是商业化，地下空间强调公益性，但公益并不等同于慈善，否则也无法持续和推广。

一个用低成本连接地上和地下的方法是创建一本杂志，这个想法也基于前期的社区调研。按照他们之前的核算，一个地下室改造成本高达七八十万元，摊到每个房间大约是2万元，这对于地下室居民来说显然是不现实的。能不能找到一个方法，既满足他们的居住提升需求，又有一定的实用功能？周子书在调研中发现，几乎每一个地下室居民都在窗边、门后、写字台周围，把旧杂志撕下来当壁纸去贴。还有人在屋里贴上日历、账本，或者励志的话，比如有个理发店实习生鼓励自己："我的目标是洗300个头。"还有个餐厅服务员写道："30岁前妈妈给了我一个家，30岁后我给妈妈一个家。"他们从100多个地下室里梳理出最常见的内容，测量了房间里常用位置的尺寸，重新设计了一系列装饰性的模板，然后按比例把这些模板拼合成杂志内页。杂志的另一面，是他们重新采访编辑的地下室居民故事，加上一些实用的招聘或优惠信息。

他们设想，在社区内发起众筹，地上居民花30元就可以购买一本杂志，他们可以看看地下室居民的故事，也可以获取一些员工集体居住在该社区地下室的单位——比如超市、饭店、公交系统——提供的优惠。看完之后，再把杂志送给地下室居民，他们就可以把装饰面撕下来拼贴，用最简便的方式改变房间的视觉效果。这个想法也受到地下室居民的欢迎。在附近一个地下室，他们遇到一个来自河北保定的小伙子赵晓和，听说壁纸杂志的事，给他们出主意："你们要想地下室里没有什么。地下室没有光，如果能有一个窗子，模拟天光的亮度就好了。凌晨五六点钟是蒙蒙亮的，八九点是清晨的光，九十点钟就完全亮了。要不然在地下室待一天，浑浑噩噩地分不清几点钟，头都晕了。"他还提到，如果要画窗外的风景，可以找他家乡的照片来画。"有时候一觉起来，会迷茫自己在哪儿。看到家乡的画，可能还会有在家的幻觉呢。"

周子书希望每个社区居民都成为一个"地瓜"，创造和分享想法，而在"9+1"中，这一个地下空间可以作为发动机。所以更重要的是挖掘社区内部的实际需求。周子书说，安苑北里地下室所在的社区规模很大，周边各种超市、饭店、公园、老年活动中心等各类生活设施一应俱全，看上去十分完备。但是，和居委会交流之后发现，他们在社区内组织活动总觉得力不从心，也希望从其他社会企业汲取一些创新想法，或者购买相关服务。这里是典型的留守社区，白天来参加活动的都是老年人。这几年来，唯一组织成功的面向年轻人的活动就是相亲会，来了1000多人，甚至有从其他区域赶来的。目前社区的各种需求也释放得越来越多，但传统的供给跟不上。

地下空间面临的问题就更多。地瓜团队金融顾问李世峰说，他有一次去亚运村人防办公室，一进门就发现一大桶“热得快”，都是人防办人员去附近地下室排查时收上来的。“热得快”在地下室使用特别危险，居住者白天出去了，它一旦烧干，就有可能失火。假设这个辖区覆盖10个地下室，每个地下室住100多人，总共就是1000多人，而且都是流动人口，可以想象地下室的日常管理多么困难。但是，比起这些使用中的安全隐患，地下室一旦闲置问题更大，通风、透气、防潮、老化，所以一定得有人使用。如果不适合居住，有没有更好的利用方式呢？人防办也在小范围做过一些尝试，比如在里面种蘑菇，地下没有光，适合蘑菇生长，但实际上不可行，因为在居民楼下味道太大；还曾尝试开廉价超市，那就会带来更多的流动人口，里面也很吵，会影响居民。

“对地下室项目来说，现在正是一个天时、地利、人和的节点。”周子书认为，大环境已经酝酿好了，包括政府对地下室不能住人的红线要求、社区的支持、资本的介入，还有各种创业机构的进驻。而当前的地上商业空间已经被压缩到了极限，地下室有可能是最后一块可能尝试不同模式的空间。

每个房间都是一个App

无论是空间还是功能上，周子书都力图将地下室营造为一个“地下城市”。进入其中首先是一个社区信息交流和公共服务的“广场”，周边辐射出若干“街区”“绿地”“房屋”。不同

“街区”涵盖了不同的城市功能，由若干“房屋”组成，比如社区服务、创意工作室。而在“广场”和“街区”之间，则是半公共性质的“绿地”，由工作室延伸出来的产销空间。至于这座地下城市里每一个角落的具体功能，他打了一个十分形象的比方：“每个地下室都相当于一个手机，每个房间是一个App，由不同的人来开发。”

当然，“地瓜”是App开发规则的制定者。规则有两条：第一，产品的客户群就在楼上。也就是说，面向企业的都不行，必须是面向本社区居民的。第二，让社区居民参与进来一起制造产品。

李世峰是周子书同学的弟弟，10年前就开始在硅谷创业。从一开始为“地瓜”友情提供金融咨询，到去年成为团队合伙人，他对这个项目展现出越来越大的信心。“这是目前的创业大潮下，一个劣势空间提升型的项目。这是个世界性的问题。比如伦敦市中心有一个叫作‘大象城堡’的廉租房区域，也是一个动乱高发区，最近几年政府开始改造，策略就是把这些贴标签的人群打散。也有一些地下空间转化为酒吧、餐厅、创意空间，成为新的文化增长点。北京的防空地下室目前还停留在居住阶段，这是一个投入产出比较低的利用方式。如果出租给创业型企业，租金可能一年几万块钱，只相当于地上办公租金的五分之一，增值潜力很大。”

一个机会是去解决从线上到线下“最后一公里”的问题。李世峰说，社区居民现在已经习惯了不出家门就能买到各种服务，不只是买东西，就连送饭、洗衣、家政都能线上完成。但目前线上已经超过了线下，他们要干的就是弥补这个差值。因为线上再方便，也绝对没有在家门口方便，没有在脚底下看得见、摸得着方便。比如现在有一些送餐公司从线上到线下，就要深入社区的住宅和办公室，如果想要实现快速送达，成本势必很高，这就是一个典型的O2O“最后一公里”难题。“因为我们的地理优势很明显，本身就长在社区，就在1000多客户的身边，可以为送餐公司提供一个中转站。根据在固定时间内的居民送餐需求，他们可以决定派几个人在这里对接。另外比如家政服务，周末可能需求量比较大，临时去约线上家政服务平台，可能一两个小时才能过来，如果提前测算出这种需求，就可以先安排两个人在这儿。如果在地下空间里聚集足够多的服务，居民可以过来喝点咖啡，和老年人聊聊，和年轻人探讨创业什么的，形成一个社区小生态，平台的价值就大了。”

李世峰说，他们在社区里面对的需求说大也大，说小也小，其实就是解决白天留守的老年人干点什么，以及晚上回到家的年轻人干点什么的问题。而这恰恰是传统社区居委会解决不了、地上空间在高租金成本压力下又不愿解决的问题。周子书说，很多社区老年人都对他们提议，希望地下室里能提供一个让他们白天聚餐的空间。一个人在家做饭没意思，想要去某一户人家也不太方便，如果一家做一个菜，都拿到这个公共空间来，会很受欢迎。如果把这种需求更进一步，还可以通过地下空间，把各家的餐饮信息公开化，让资源更好地对接。比如邻里间都知道张大妈家的韭菜馅饺子特别好吃，张大妈哪天要包饺子了，可以帮她发个帖子，她愿意做100个，自己家吃20个，还富余80个，谁想吃可以来买，比外面饺子馆便宜。地下空间只收取服务费。“这种‘张大妈的手工饺子’，在既有商业模式下可能永远吃不到，就算吃到了，成本也会增加很多，也变味了。而张大妈每星期包一次饺子，在邻里间分享，这种在日常生活里挖掘出的价值是基于社区内部的平等、互信。”

晚上年轻人下班回到家，没什么事干，也很希望楼下有一个空间可以提供给他，周子书针对性地设计了台灯书房、健身房、自带酒水的酒吧、可以几个朋友租用的小型电影院。最近他们还引入了一个做冷餐的企业，有点类似“深夜食堂”，提供简单餐饮，更主要是为这些“孤独的美食家”提供一个“地下8点半奋斗者故事”的空间，其实也是一个互帮互助的信息分享平台，可以进行某种形式的技能交换，也可以组织一些招聘、相亲的活动。

另外就是创客空间。周子书说，现在有很多想创业的年轻人，他们想用低廉的成本来快速实验自己的想法，地下室也可以给他们提供空间。但前提是，他们的产品要和社区需求结合，为社区提供活动和教育，形成“产销空间”。比如一个暗房技术很厉害的摄影师，想来这里做暗房工作坊，一方面通过高端的工作坊来生存，另一方面通过低端的工作坊来为社区服务。还有画廊，不只是传统形式的展览空间，还可以提供空间和教学，让小朋友和家长一起做版画，最后把画加工成成品，可以带回家或者线上售卖。成人可能想做更复杂的东西，因此为他们提供了一个3D打印的体验空间。

在这个不到500平方米的地下空间里，又被分割成十几个小空间，每个里面都是一种模式，就像玩魔方一样，不断组合、变化，其中也蕴含着新经济模式的可能性。周子书说，这是他们最大的机会和挑战，即在商业和公益之间找到平衡点，把地下空间变成产销空间，构建一种低成本甚至零边际成本模式。这也是吸引雕塑家匡俊加入的原因，他希望尝试将艺术介入日常生活，并摸索出新的商业模式。

匡俊最初是在家给母亲剪了个头发，把照片发到了微信上，周子书看到了觉得不错，就说“干脆你来地下室开个理发店吧”。匡俊想想觉得可以，一方面是理发店根植于老百姓最日常的需求，而地下室成本低、人流大，应该更有优势。另一方面是基于他对理发店服务的痛点体验，店里都是烫发染发的味道，而且充斥着各种推销。其实对大部分人来说，特别是男性，可能只是需要简单地剪个头发，但这种需求在传统理发店是很弱势的。他很想开一家理发店，就是专心致志地营造一个舒服的环境，给人安安静静地剪头发。匡俊说，日本已经有类似的理发店，每次剪发只花1000日元（约50元人民币），没有洗也没有吹，就是剪，一个人只剪10分钟，剪完就走。

匡俊一开始的想法比较感性，比如把剪发的收费标准跟年龄挂钩，以北京市的平均寿命或者退休年龄为基准，减去实际年龄，年纪越大越便宜。后来想想不行，社区里那么多退休老人，都来免费理发，可能一下子就把店给挤爆了。找理发师也是一个问题，他跟一些年轻人聊，发现他们的诉求都特别单一，所有人都向往开一个上千平方米的理发店，自己当老板。实际上，如果帮这类人在地下开一个店，有一个稳定的消费群体，融洽的人与人之间的关系，一个月挣五六千块钱没问题。但是，即使这些人目前的月收入可能只有两三千元，他们也会觉得当一个普普通通的理发师、一个月挣五六千块钱不是自己的人生目标。另外是对剪发的标准设定，比如针对男士的平头、短发、中长发各规定一些要注意的细节，不是一种刻意的设计，而是更到位的讲究，这也是目前市场上稀缺的。“就像整个地下空间一样，这个理发店一方面不能那么商业化，另一方面又不能不赚钱，这就是它的难题。”

到西河去：乡愁与愁乡

“从威尼斯回来啦？”最近几天，村里人和张思奇打招呼，语气里都是羡慕和好奇。“没什么，就是去那儿砌了一堵墙。”张思奇显出一种见过大世面的矜持。2016年5月，这个来自河南省信阳市新县西河村的瓦匠，参加了威尼斯双年展，确切地说，他是展品的一部分。

受邀参展的是西河粮油博物馆和村民活动中心项目，张思奇在现场复制了村民活动中心餐厅的一面花砖墙。项目的设计者是中央美术学院副教授何崴，在他看来，将张思奇带到威尼斯，本身也是对农民和工匠的尊重：“在后工业时代，如何看待大工业生产和手工技艺之间的关系？如何处理国际化和地域文化之间的关系？有人跟我说，这个花墙的做法很‘斯卡帕’，因为意大利建筑师斯卡帕一直是探索手工艺和现代主义关系的代表，我说张思奇是‘农民斯卡帕’。一个农民工匠在威尼斯砌的这堵墙虽然不大，但它就像全球化语境下地域文化的‘耳语’，引发人们思考城市与乡村之间的关系。”

这只是西河改造激起的又一个小火花。何崴开玩笑说自己是“风口上的猪”，最近的乡村建设热潮让他几年前在西河做的设计不断成为焦点。回想起来，他2013年8月第一次来到西河时，乡建还没那么铺天盖地，他的大学同学、现在是清华大学建筑学院副教授的罗德胤在微信群里吆喝了一声，说有一个去河南农村做规划设计的公益项目，对乡土建筑和文化当代性感兴趣的何崴表示了兴趣。那次是新县和公益组织“绿十字”联合组织的，有几十个设计师参与，计划在全县找出24个项目，一年内完成。在何崴眼里，位于大别山腹地、鄂豫两省交界处这一地带的资源优势并不突出。新县是革命老区，国家级贫困县，之前只有“红色”旅游资源和“绿色”生态资源，但放在全国范围来看，也不是特别鲜明，南北交界地带的风貌毕竟无法和徽州文化、江南文化相比。但也是因为贫困，这里的村庄保持了比较完整的自然和人文景观。在新县的24个项目中，西河能够入选也是因为县城和更有特色的毛铺村之间相隔太远，要在中间安置一个落脚点。当何崴和罗德胤进入这个深山里的小村子，就一眼选中了它。“西河有典型的河道景观，三面环山，一面临河，沿河有古树，有祠堂，还有明清时代的古民居群，与城市生活有沟通。”罗德胤说，他们要做的就是在城市和乡村之间找到一个结合点，让乡村成为城市人的“第三空间”，这是目前一个巨大的需求。

“乡村只有在后工业社会里找到与现代人生活的联系，先存活下来，才能回头去寻找农业文明的精神价值。”罗德胤认为，田园牧歌只是一种浪漫化的想象，真实的中国乡村是整体凋敝的现实。在轰轰烈烈的乡建大潮中，外来的改造者们如何面对“乡愁”与“愁乡”之间的巨大鸿沟？

点一把火

罗德胤从事了十几年传统聚落与乡土建筑的理论和测绘，这些年却发现，最急迫的已经不是理论问题。进入21世纪后的十几年，乡村开始迅速地破坏和消失。随着城镇化的加快，村里的年轻人都进城打工，田都撂荒没人种，村子越发“空心化”，整体的凋敝触目惊心，谁还会在乎古村落和老房子呢？“我们这些年的任务是能留一个是一个。在我们这一代人手里能留下来的，就是下一代人能看到的。”他选择了更务实的做法：“老房子面临两重问题，首先是修，然后是用。怎么让村民心甘情愿地修自己家的房子，并且愿意住在里面，这是一个文化自觉的问题，不是一朝一夕能改变的。修一个老房子的钱，可以拿来盖一栋小洋楼，面积变成三层，舒适性更好，任何一个理性的人都会选择小洋楼，所以不能怪村民不修老房子而去盖小洋楼。要想让村民把资金流向修老房子，只有一个方法——让古村和老房子能挣更多的钱。”罗德胤形容为“先给利益，再转观念”，这也是他和何崴改造西河的出发点。

“我们一开始不是想把这个房子改造成什么样子，而是考虑这个乡村的需求是什么。”何崴将乡村建设形容为一种“弱设计”，“建筑师其实是在乡村和村民一起盖房子。设计之外，建筑师要干很多专业范畴之外的事，不时要变身为产业策划人员、形象推广人员，随之而来的是思维模式的转变。”罗德胤负责整个西河村的古村落保护发展规划，他瞄准了河道景观带来的旅游产业潜力，开始整治河道景观，修复沿岸古民居。何崴则一眼看上了河对岸一个20世纪五六十年代建的粮油交易所，里面早就已经没有屯粮了，只把一小部分租给了一个山东农民堆放西瓜。废弃粮库的巨大体量和完好木结构，在建筑师眼里就是一个理想的乡村公共空间。因为西河入选了国家“传统村落”和省里的“美丽乡村”，县里有一笔1000万元的资金拨下来，但这笔钱是用在基础设施、修路、景观、老民居的修缮上的，这个粮库在规划红线之外，怎么能让县里再拿出一笔钱呢？何崴说服了时任县长的吕旅，“很简单，就三条：一是好用；二是不贵；三是一定能赚钱”。何崴说，他最开始做的是产业规划，就是告诉村民，可以拿什么去赚钱。他找到了“茶油”。他觉得这是一个很好的切入点，因为茶油既能够反映当地的特色，又能为村庄带来经济收入。建筑设计也随之变得明确，他要做的是一个能结合当地山水环境和农业文化的空间。

他先把一个粮仓改成了茶油博物馆。“好多人说，你在村里做一个小博物馆，有意义吗？农民也有意见，‘我们还吃不饱饭呢，你为啥弄个博物馆？’”其实博物馆是一个噱头。何崴告诉村民：“如果说这里有好的茶油，让武汉人开车过来买茶油，他绝对不来；但你跟他说，这里有全国第一个茶油博物馆，他可能就来了。”他让村民收来一个300多年的油榨，找到还会榨油的老油工，在里面现场演示手工榨油工艺。“你看，让游客来博物馆参观，参观完了，他可以自己榨一下油，完了贴上标签，是谁哪年榨的，这个油的价格就可以比市场售价高好几倍。”村民们同意了。当地已经30年没有榨过油，他们还特地挑选了一个良辰吉日，重新开始榨油。何崴希望这个博物馆能真正把产业带起来，他的一个研究生陈龙为茶油设计了品牌名称和商标——“西河良油”，把“粮”字换成了“良”，西河良心油，完全是手工的、有机的。但是产业的事被搁置下来。村民们觉得，做茶油产业时间比较长，不是今天榨完了，明天就能卖的。

粮库的旁边有一幢当年的管理员住的旧房子，何崴做成了一个餐厅。他觉得这是这个项目能开工的契机。“农民其实是特别精明也特别短视的群体。跟农民打交道，谈传统、保护，他会觉得这事跟他没关系。必须说，干这个事能赚钱，而且马上能赚钱。打个比方，跟农民说，‘你今天出100块钱，一个月后能挣1000块钱’，他不干；但跟农民说，‘你今天上午出200块钱，下午就能挣400块钱’，他就干了。”餐厅就是这么一个能马上赚钱的项目。果然，整个项目还没有完工，这个餐厅就已经营业，为村里赚钱了。

在餐厅改造过程中，何崴也一直在告诉农民这其实不用花太多钱。他采用的方式是，用当地的材料、当地的工艺、当地的劳动力。比如这座红砖房子中间塌了一部分，他把南北侧的砖墙掏空了，想按当地人码花砖的方式做一面花墙。因为这面墙朝西，夕阳西下时室内会有很好的光影效果，室外又有一个可以让大家留影的背景。传统花墙的做法是等腰三角形，他改成等边三角形，中间有一个六角形的空洞。但是这结构能稳定吗？何崴也觉得没谱，觉得实在不行，就插一个竹筒来加固，再不行拿混凝土给填上。结果给了工匠们图纸之后，两周没去，竟然建出来了。

这个工匠就是张思奇，他对何崴说："一看就是建筑师在为难我啊！我想了半个小时，就把它搞定了。"张思奇几十年前就学了瓦工，后来去外地打工给人做工程监理。他也说不出门道，只凭老师傅上手琢磨，靠手上的劲，从底下一点点往上垒，一层层找平衡。

河对岸最大的粮库，何崴想留给村民作为活动空间。他将面河的墙面部分打开，又在外墙加了当地的毛竹做掩映，让视线可以看到河岸景观，又不受强光困扰。外墙上五六十年代"防盗防霉"的大字标语还在，给人强烈的时代感。这房子在2014年下半年刚一改好，当地最富裕的一个老板就决定"十一"在这儿嫁闺女，把县里的房子退了。大多数时候，这里村民用得并不多，很多时候是给周边县里的人用。一个40多米长、12米宽的大房子，离县城大概半个小时车程，风景也不错，好多人跑到这儿来开会学习，也给村里带来一些意料之外的经济收益。

西河粮油博物馆在2014年8月完工，当时全国各地的乡村建设正如火如荼，将西河推到台前。罗德胤形容为"大事件"，"在乡村工作，事件要优先于房子"。"这里面有个关键的时间点，2013年8月1号启动了整个全县域的乡村文化工艺行，在临近一年期的时候，县里面就着急了，说一年了，专家们都要来，有什么拿得出手的？这时候别的村子都太慢了，就西河村还有一点指望。在西河的各个项目里面，河道景观整理出来了，房子因为产权原因进展缓慢，修好了两三个。博物馆却有可能赶得上，它产权清晰，一谈就成，就把钱先花在博物馆上了。8月1号当天来了两三百号人，西河村有一个比较全方位的展示，一下子火起来了。”

不过，外来者只能点一把火，做个引子，今后是否能烧起来还是要转化成乡村的内驱力。何崴深有体会，在今天的中国农村，经济是最能改善民生的。因此，在农村，并不是简单的盖房子，而是通过盖房子重塑农村经济和重建社区信任。他形容自己是个“代孕的”，“千万别把这房子看成是你的孩子，它终究属于农村。怎么用，给谁用，农民说了算。”原本要用作活动空间的粮库后来还是超出了何崴的预计。“我到现场一看都疯了，这里面放满了桌椅，摆上了收银台，变成了一个超级农家乐。但看了两分钟就释然了，毕竟它被使用了。”

到西河去

从北京去西河，要先坐一班南下的火车。火车大部分时间都穿行在中原地带，窗外是辽阔且单调的大平原，一排排土灰色的平顶房连绵不绝。越接近信阳，地势越起伏，眼前也跳跃起更多绿色。高铁开了4个半小时到达信阳，再往下走就要搭乘汽车，到西河最快也要开2个多小时。从城市到乡村，道路逐渐变窄，两侧的绿色植被也越发繁盛，让人禁不住深吸一口氧气，恍惚觉得到了南方。其实，新县严格来说就是南方，因为它已经过了淮河。这里历史上曾经归属湖北省，当地人说话河南人听不懂，生活习惯也和南方更接近，比如习惯吃米而不是吃面。

从城市去乡村，需要下意识地过滤掉一些景观。那是路边时不时会出现的火柴盒状“小洋楼”，两三层高，贴着白色瓷砖，蓝色玻璃，讲究的还做了黄色或蓝色屋顶，全然不管以前是皇家或陵墓专用的。小洋楼集聚处，肯定是到了一个乡或镇，而县城也像是放大增高版的乡镇。惊喜出现在旅途的末端，汽车开进大别山深处，一些村庄在山林里若隐若现。西河就是这些小村里的一个，大山、河道、古树、老房子，都是城市里的稀缺品，让外来者眼前一亮。

“按3个小时以内的自驾游来算，西河辐射了13个城市。”被村民推选为西河农耕园农民种养殖专业合作社理事长的张思恩说，信阳本地人来得最多，其次是武汉人，因为武汉来一趟也是2个多小时车程。郑州虽然远，但是郑州人来得也挺多，因为郑州周边是整个大平原，没什么景观，所以要么往北，往太行山跑；要么就往南，往大别山跑。

“离开城市密密麻麻的环境，乡村显然是更贴近自然的，更贴近人文的，更贴近情感的，这是一个巨大的对‘第三空间’的需求。当然乡村度假对距离的要求特别强，从大城市出发3个小时以内是刚需，但中国大城市很多，在每个大城市周边都画一个3小时半径，就基本上把整个中国都包括进去了，所以这个市场是很大的。谁能够认识到这种市场需求，将乡村打造成第三空间，谁就能抢先一步。”罗德胤认为，目前首先要面对的是大多数乡村只能远看，一进去会很失望，更别说住下来，巨大的城乡差距是现实。

罗德胤三年前第一次来到西河村，看到的也是这样一个凋敝的现状。“进村的路被杂草埋得只剩2米宽，车开过去都被刮得沙沙响，手机也没信号。河道里看不到水，全是枯枝和垃圾，河两岸都是倒塌的老房子、牛栏、猪圈、旱厕。”所以第一件事就是整治环境。当时他们去北京找到已经成功开了两家装饰公司的村民张思恩来帮忙做修缮工程，这事就落到了他头上。张思恩一开始先把村里仅剩的几个年轻人组织在一起，他们却不愿意：“为什么帮你干？”他说：“我会付工钱。但是这是本村的事，你们也是受益者，所以外面一天80元，在村里干一天60元。”他们才将信将疑地开始干了。外面拖欠工钱是常事，而且政府的钱当时还没到位，但张思恩要树立威信，决定自己先垫钱兑现工资。闯荡多年的他有和工人打交道的经验，干完一半的活先付一半钱，让村民看到，剩下的活就都抢着来干。据负责西河改造工程的周河乡副乡长张一谋说，当时总共拆除了违章的牛栏、猪圈、旱厕170多间，1700多平方米，河道总算显露出来了。因为西河夏天的山洪很厉害，“半个小时，河里的水就从山上翻滚下来，来不及跑回屋的村民得在树上走”，索性减少了很多人工座椅和景观，看上去反而很天然，卵石堤岸，亲水土坡，两岸十几株古枫杨几乎将树冠连在一起。

要想留住人，还得修房子。78户里有39户是新建的“小洋楼”，风貌并不协调，怎么办呢？第一，拆；第二，改。罗德胤他们只拆了一栋，因为拆房子会产生很大的对立。那栋房子不得不拆，因为它就挡在祠堂前面，盖在河里搭出的一个水泥平台上。拆房子借用了传统的风水作武器：“西河村的风水很讲究，祠堂背靠着狮子山，祠堂左前方有一块大石头从山上一直伸到水里，就像狮子的爪子一样，祠堂前的这个房子正好把狮爪压住了，彻底破坏了村里的风水。这种观念一放出去，这个户主就面临很大压力，他觉得承担着全村人的命运，同意置换到村庄外围。”集中修缮的是河北岸的那排老房子，里面绝大部分已经空了，都在外围盖了小洋楼，或者在县城买了房子，这也是罗德胤着急修的原因。县里正好有一笔资金准备用在老房子修缮上，每栋房子平均花三四万元，也就能将外观风貌整理出来。但是罗德胤并不满意，因为大多数修好了就搁在那里，并没有利用起来。“这始终是个矛盾，空着不修不用，过几年就塌了。修了，短时间产生不了效益，又得背负很重的资金压力。”

如今跟着村里的老人沿河岸走一走，是可以看得见村庄的历史的。明末清初建的祠堂还在，虽然里面空空荡荡，但是门楣上还有隐约的石雕“焕公祠”，上方刻着“福禄寿喜”四星。张一谋说，这是修缮时把外层的白石灰、黄泥巴清洗掉才露出来的。当年“文革”时为了保护这些石雕，村民们临时抹上了泥巴，又刷上“毛主席万岁”，才没人敢动。本来还有188件木雕，都被虫蛀掉了。村里辈分较长的张孝猛说，“福禄寿喜”代表着他们的源头，附近的张姓本来是四大支，在西河定居的这一支是“禄”支，距今也有700多年了。张姓在西河又分出六大支，原本对应着沿河北岸六大门楼，村民都是从这里面分出来的。如今宗祠修好，一些宗族活动就从县城酒店移了回来，比如春节的宗族聚会，红白喜事。祠堂旁边的一溜老房子都是按照豫南民居的做法修缮的。张一谋指点：“你看砖缝都像头发丝一样，以前还要加火灰、大米、鸡蛋清进去。再看封檐，就是房檐上多层累加的装饰，有一封檐、三封檐、五封檐……是根据官职定的。另外豫南农村建房一个特点是房屋的‘子午向’，不是正南正北建的，都略微斜一点。”不过推门进去，都没什么人住，在家的都是老人或者失去劳动能力的人，甚至连孩子都见不到几个。偶然碰到一户年轻夫妻，在家门口摆摊卖水果，也是因为看好端午节的潜在客流，从县城临时回来几天。他们家一看就是很久没人住的样子，农具、竹筐满屋堆放着，家具也有年代了，很古朴。媳妇快言快语地说："你看这些旧家具，还是我婆婆的嫁妆，我当年进门的时候她让我睡这个高架床，我半夜吓得呜呜哭呢。正准备一把火烧了换新的。"

这些老房子要想用起来，第一个关卡就是产权。罗德胤说，这些房子是村民的，每一幢里都有好几家人。这就是一个投资的瓶颈。"唯一一套改成青年旅社的套房，是因为产权人信得过，是现在的合作社总经理张思举，他平时在县城住，空着也是空着，还不如拿出来改造。青年旅社面对的是来西河玩的背包客和学生，一人几十块钱住一天，只需简单做下室内装修，但这套房子改造也花了十几万元。要是真正做成一个城里人非常喜欢的房子，连带修缮和装修，平均一间客房就要投资15万元左右，现在乡村度假的普遍标准就是这样。"现在修一套房子很便宜，换换瓦，换换外墙，看上去就和整体风貌协调了，几万块钱就能解决。但是要把它用好，至少得花三倍于维修的钱，差不多十几万元，合作社就不敢投了。这么一来，这个产品只能做到50分，游客不喜欢住，其实修缮的钱等于白投。“现在我们回过头去想，应该集中精力花二三十万元好好做一套，哪怕只有两个客房，就让那两个客房成为村里作为最受欢迎的地方。但是当时还是想办法要降低造价，觉得如果投资太高，村民学不了，没有可复制性。后来发现，最关键的问题不是钱，而是观念。每平方米投资一两千块钱可以改好，用也凑合能用，但城里人不喜欢住，他就不会帮你宣传。如果做到三四千块钱一平方米，他可能就会跟朋友说西河村里有一个地方不错，就会产生一个扩散的效果。有人来了，村民们看到效果，才会效仿，才会转变观念。”

罗德胤说，西河就是利用了乡村“第三空间”需求的势头，抢先一步，比别的村子更早地进入到供应方的市场里，但是后续发酵还有很多问题。比如住宿，用他的话说，这是乡村旅游的“标配”。现在西河的住宿集中在他设计的酒店里，外面用了青砖与老房子呼应，内部则是北欧风格，让游客有一种新鲜感。酒店就在临河的村中心，粮油博物馆旁边，是原来的村支部所在地。但是这里就十几间客房，一到端午、“五一”“十一”这种游客蜂拥而至的时候，只能靠农家乐和山上散落的帐篷酒店、集装箱酒店，后者的出现也是因为其快速和低价。现任新县县委书记吕旅说，2016年“五一”，西河来了6万多人，他当时就很着急。“一是消化不了，二是长期这样肯定就把牌子给砸了，游客要找的不是一个旅游景区景点人挤人的感觉。但是平衡很难把握，人来多了，游客的体验感会大打折扣；人要是不来，经济带不起来，农民又不受益。”罗德胤认为，乡村消费必须往高了走。因为乡村整个改造的成本高昂，而且乡村面对的是城市中产阶级。另外乡村的吸纳能力有限，不能人满为患，要收回成本，必须提高单价。这一经济模型也决定了它不能往低端走，变成农家乐。

分散后的经济联合

最近合作社正在筹备开一个村民大会。“主要是目前西河做出了些名堂，很多人和资本都要涌进来，有人想在村里租房子开客栈，或者承包一片油茶林。谁可以进入？进入多少？如何进入？如何在下一步实现差异化、关联消费和统一管理？都要和村民一起商量，制定一些村规民约。”

严格地说，张思恩是一个返乡者。他已经离开家乡20多年了，身上考究的白衬衫、锃亮的皮鞋也和村民明显区别开来。他20多岁的时候，老区还有“优先招工”政策，他被分到中电一局。后来在北京扎根，自己做了两家装饰公司。3年前，他作为志愿者回来，后来干脆留在了村里。尽管他的年龄和辈分在西河都不算靠前，但是之前村里很多年轻人都在北京跟他打工，再加上环境整治时建立的威信，他还是被村民推举为合作社理事长。他对张思举说：“我们这一代人如果不回来，再过10年，西河就消失了。”

村庄的消失绝不是杞人忧天。张思恩回来一看，西河的几个中心自然村有400多人，留在家里的只有四五十人，青壮年劳动力全出去了。而且新县因为早年有人去了韩国、日本打工，不断地传帮带，县里还开设了专门的培训学校，更形成了一个固定的输出渠道。吕旅1994年大学毕业分到乡里工作，抓计划生育，农田水利，“那个时候红旗招展，人欢马叫的，现在根本组织不起来了”。他说，在新县这样的深山县，农村留守的问题特别突出，这也是城市、农村长期的二元结构造成的。只有在城市里面和工业生产中才有就业岗位，农业的比较效益又很低。按照传统的农业生产方式，要在家里面干一年，才能抵上城里面一个月的收入。所以现在是“‘70后’不想种地，‘80后’不愿种地，‘90后’不会种地”，一代代人都离开了。

另一方面是农村越来越严重的“空心化”。现在的村支书张孝翱已经在任15年，明显感觉到村委会权力的逐渐丧失。“20世纪90年代，乡镇企业比较红火，我在任支书之前在乡办凉席厂干了8年厂长。到了1998年实行‘天然林计划’，竹子不让砍了，凉席厂也办不下去了。那个年代农民负担也比较重，摊派，修路，没有劳动力就‘以资代劳’，再加上‘三提五统’，一家人平均每年下来要出两三千元，农村工作就做不下去了。比如管理几十亩田的道堰是集体资产，夏天一发大水给冲了，也没资金维修。村里也尝试过办工厂，比如挂毯厂、砖厂、运输队，都亏损了。到了2005年，各种农业税费全免，但是村里已经欠了60多万元的外债。”

“为什么近百年来中国的乡村建设运动最后都偃旗息鼓了？我觉得一个原因是之前把重点都放在社会治理方面了，实际上经济才是乡村最关心的，村民经济得利了，乡建才可持续。”吕旅认为，农村经济组织的弱化是乡村凋敝的关键问题。“俗话说，手里没有米就叫不来鸡”。“中国传统的乡村治理，所谓的‘乡贤文化’，其实乡贤就是一个家族的族长，或者是一方土地的地主，手里边都有一定的经济实力。这些年家庭联产承包责任制的问题越发显现出来。如果村里有一个经济组织，就像西河这样有一个合作社，它能把村里的千家万户组织起来，给他们提供一些就业岗位，提供一些增收的渠道，农民也不愿意去背井离乡。”吕旅还记得最早见到张思恩的时候，“他靠在门边，不敢进来，也不怎么说话”。现在，他作为西河经济联合体的带头人，视野和底气明显不一样了。村支书干不了的事，拆不了的房子，他可以。这也说明了村民对经济联合的渴盼。

吕旅说，现在国家对农村的投入也有了结构性变化，从原来的“撒胡椒面”，一家一户补个几十块钱这样的普惠政策，向着支持龙头企业、支持合作社、支持新型的农民经营主体的方向转变了，“从输血改造血”。“农业的发展要提升，要转型，必须要龙头企业来带，靠一家一户很难。以前一个农户补4000块钱，让他发展一个致富项目，只能养两头猪，养几只鸡。一旦市场有问题，可能连这部分国家补贴的钱都打了水漂。现在把涉农资金整合起来，贫困户成立合作社或者和龙头企业建立一个利益联结机制，可以集中做成很多项目，比如西河的改造。”

乡村经济组织的衰落和消失是乡村衰落的原因，但是要重建经济中心，也不是靠一个合作社就能包打天下的。“农业是一个长效投资，见效很慢，流转资金从哪里来？它一定是一个非常开放的平台，包括其他的一些社会资本的合作。”吕旅认为，目前西河发展乡村旅游是用城里的需求来解决农民眼前的需求，之后乡村还要再解决可持续发展的问题。“不是在这里吃一顿饭、住一夜就行了，乡村旅游要能够实现很多渠道的畅通，包括销售、消费、加工的问题，最终要带动产业发展，才能转化成内生动力。”

“我们这里就是空气好、环境好，这在将来能赚钱，但是现在赚不到钱。”张孝猛说，西河是“七山一水一分田，还有一分是空闲”，比如他就分得了20亩荒山，其中有10亩板栗和10亩油茶，田地只有3亩。他如今65岁，在他30岁之前，这里以种田为主要收入；30岁到50岁，山林的收益占了大部分，包括板栗、杉树、茶叶；最近十几年则是以打工收入为主。他8年前看准了这里的山林资源，投资150万元，承包了150亩荒山，4块钱一棵，种了3万棵杉树。“等到树长到15～20年，一棵就能卖到100块钱。”这也相当于个人搞土地流转，但张孝猛说，西河村像他这样利用经济林的不到5户。

张思恩也明白，西河的主要资源都来自山里，目前以实物入股进入合作社的有200亩板栗，600亩葛根，800亩油茶，还有4800亩耕地。“以前外出打工，可能耕地和山林都撂荒了，但放入集体里，乡里乡亲的联合在一起，为了面子也不能不管不顾。另外合作社也期望集中资金和资源，把产业做大。”

最有希望做大的产业还是茶油。张思恩说：“以前家家户户吃茶油，因为山上都是野生的油茶树，所谓‘飞籽成林’。但那时候觉得茶油太寡淡，我们都说‘吃得寡人’，干活都没力气。后来改吃茶籽油，因为茶油价格升高了，土榨的30块钱一斤，超市里80块钱一斤，有的甚至卖到几百块钱。西河的茶油有优势，因为这是南北气候的分界线，成熟期比较长，‘怀胎抱子’，不饱和脂肪酸含量更高。”吕旅也认为，“茶油面对大中城市的高消费人群，但是市场潜力很大。像新县最大的一家做茶油的企业，每年可以把全县的茶油全部转化掉。价格也能整体拉动，前两年很夸张，一瓶油茶的价格相当于一瓶茅台。”

十几岁就会榨油的张孝猛在茶油博物馆给人们演示“古法榨油”的过程。“油茶10月结果，先要在大太阳下摊晒一星期，用手一捻，冒油了，才可以拿来用石磨碾碎，然后放在锅里蒸熟，做成饼，十几个饼码在一起就可以压榨了。”他说，挤压油饼要靠几块看似不规则的木头，每一个都一头大，一头小，大的一头当地人叫“龙头”，它必须朝着水源的方向，而榨油的方向必须和水流相逆，榨油的关键就在“龙头”的抽取。榨油一般要三个壮劳力配合，铆足了劲去撞击，他一个人显然很吃力。茶油博物馆如今很冷清，手工榨油还是只能作为一种表演形式存在，并没有像最初设计的那样迅速转化成产业。吕旅认为，古法制油，实际上和现在的安全标准还是有差距的，目前只能作为旅游体验和纪念品。他们打算让县里最大的那家茶油生产企业和村合作社联合，毕竟企业从种植环节开始，之后到采摘，再到加工，都有一套成熟标准。“不是一个萝卜从田间拔出来，在水里洗一洗，就能作为商品卖出去了。”不过张思恩听一些中国医学科学院的人说，工业脱脂制油虽然目前售价高，但它是以损失营养成为为代价的，传统手工制油还是有其道理。或许这种冲突，正反映了乡村里的产业和它依附的生态和传统之间的复杂关系。

寿康宫彩画绘制现场，薄薄的倾斜木板搭接在屋檐下，几个人间隔着默默站立，一站就是一天。

被故宫返聘后，张德才就独自在这间小屋里，日复一日地在灯下“起谱子”。

杨志和徒弟范俊杰在慈宁宫钉望板。

慈宁宫工地。对历经 900 年风雨的这座皇家宫殿的修缮，并不比整座重建的工程量小。

“世博会”拆迁中的老厂房背后，是浦东傲人的天际线。

江贵平召集家族里 25 代到 29 代的代表在土楼前合影，这份老祖宗留下来的遗产形成了另一种向心力。

承启楼，连同它周围的江氏家族高北土楼群，在 2008 年变成了世界文化遗产。

承启楼全景图。

胡琴声在东园里咿咿呀呀响起来了，这是西递村文艺协会每晚的固定活动。

老胡和老伴居住的房子，现在是西递 13 处民居景点之一。

广州沥滘村曾经遍布河涌，如今只有村中间还剩一条狭窄的小河涌，通向连接珠江口的码头。

卫氏大宗祠的幸运只是个特例。一面让人感叹祠堂背后的宗族荣光，一面感叹它被城中村内杂乱的“握手楼”包围的格格不入。（姬东摄影）

《商市街》尽述了“悄吟”与“郎华”——萧红与萧军在哈尔滨开始新生活的片段。书里的地标，都围绕着哈尔滨心脏地带的中央大街。

如今的静安别墅仍保留了新式里弄结构，一座座 3 层红色砖木小楼排列整齐，总弄和支弄垂直交叉。

北京焦化厂启动搬迁，为工业遗产改造提供了另一种可能。

周子书将他的地下室改造团队称作“地瓜”，象征着一种创造和分享的理念。

女孩背后一排排钢质屋架闪着光，勾勒出震后未来房屋和村庄的模样。